热带气旋与气候变化：
观测证据、模型模拟和未来预估

单楷越 著

中国水利水电出版社
www.waterpub.com.cn
·北京·

内 容 提 要

热带气旋是全球发生频率最高、灾害影响最严重的极端天气事件之一。气候变化影响下，热带气旋的时间和空间分布出现显著变化，致灾程度已经达到前所未有的水平。本书聚焦于气候变化下热带气旋活动演变规律的观测分析、模型模拟和未来预估，旨在丰富关于气候变化背景下台风活动特性的理论认识，构建具有国际竞争力的台风路径模型，预判分析未来全球变暖条件下热带气旋活动规律及其对我国的潜在影响。

本书读者对象为主管防灾减灾和应对气候变化工作的政府部门人员，全国水利、气象领域从事灾害研究、灾害管理的科研院所科研人员、高等院校师生，以及关心防汛抗旱工作的社会各界人士。

图书在版编目（CIP）数据

热带气旋与气候变化 ： 观测证据、模型模拟和未来预估 / 单楷越著. -- 北京 ： 中国水利水电出版社, 2022.12
ISBN 978-7-5226-1148-8

Ⅰ. ①热… Ⅱ. ①单… Ⅲ. ①低压(气象)－研究 Ⅳ. ①P424.1

中国版本图书馆CIP数据核字(2022)第241144号

审图号 GS京（2023）0290号

书　名	**热带气旋与气候变化：观测证据、模型模拟和未来预估** REDAI QIXUAN YU QIHOU BIANHUA：GUANCE ZHENGJU MOXING MONI HE WEILAI YUGU
作　者	单楷越　著
出版发行	中国水利水电出版社 （北京市海淀区玉渊潭南路1号D座　100038） 网址：www.waterpub.com.cn E-mail：sales@mwr.gov.cn 电话：（010）68545888（营销中心）
经　售	北京科水图书销售有限公司 电话：（010）68545874、63202643 全国各地新华书店和相关出版物销售网点
排　版	中国水利水电出版社微机排版中心
印　刷	天津嘉恒印务有限公司
规　格	170mm×240mm　16开本　7印张　137千字
版　次	2022年12月第1版　2022年12月第1次印刷
定　价	**65.00**元

凡购买我社图书，如有缺页、倒页、脱页的，本社营销中心负责调换

版权所有·侵权必究

前言

热带气旋（又称台风、飓风）是一种生成于热带洋面的大尺度漩涡，登陆时往往会引发风暴潮灾害，导致海平面大幅升高而造成海水漫滩，并伴有狂风、暴雨和巨浪，给沿海地区带来巨大的人员伤亡和财产损失。热带气旋是气候系统的特殊成员，尽管热带气旋发生的时空尺度属于天气系统范畴，但热带气旋活动能够被海洋-大气耦合系统状态显著影响，后者受到气候变化调制；热带气旋还会对气候系统的能量输送、分配和平衡产生影响。

当前，气候变化背景下热带气旋的活动规律研究是国际前沿的研究课题。我国是世界上热带气旋灾害最严重的国家之一，科学预判气候变化背景下热带气旋灾害趋势对保障我国沿海城市群可持续发展、推动建设现代海洋产业体系和应对气候变化挑战具有重要意义。本书取材于作者攻读博士学位期间关于热带气旋活动及其对气候变化响应特征的研究结果。全书共6章：第1章介绍了国内外对热带气旋和气候变化的研究现状；第2章揭示了全球尺度热带气旋生成位置的极向移动趋势及其与全球气候变暖的关联；第3章以西北太平洋和南太平洋海域热带气旋为例，阐述了区域尺度热带气旋生成频数时空演变规律；第4章构建了适用于气候尺度热带气旋活动研究的路径模型，并充分讨论其相比前人模型的合理性和优越性；第5章借助新构建的热带气旋路径模型和全球气候模式预估试验数据，分析未来全球变暖条件下热带气旋活动特征及其对我国的潜在影响；第6章为结论与展望。

本书研究工作得以完成，离不开恩师余锡平教授的悉心指导。师门数载，耳濡目染恩师至臻的科学追求，感念于恩师的用心栽培和关键性帮助，时时受鼓舞于恩师的严谨治学和儒雅大气的人格品质，这些都是我一生的财富。本书研究和整理工作得到国家自然科学基金重点项目（11732008）和青年项目（12102231）的支持和资助，特此致谢。

气候变化引起的极端灾害问题是人类社会可持续发展面临的重大挑战，需要科学界、工程界和产业界共同应对。本书仅从热带气旋这一典型极端灾害事件出发，探讨其在气候变化影响下的演变规律；未来全球变暖条件下热带气旋活动演变规律还存在诸多不确定性，需深入探究全球变暖影响台风活动特征的物理机制，进一步发展和完善全球气候模式。由于作者的学识所限，书中难免有不妥之处，恳请各位读者朋友批评指正。

单楷越

2022年9月于清华园

目录

第1章 绪 论

1.1 热带气旋研究进展

热带气旋（Tropical Cyclone）是一种生成于热带洋面的大尺度漩涡，主要活跃在夏季和秋季。热带气旋登陆时往往会引发风暴潮灾害，导致海平面大幅升高而造成海水漫滩，并伴有狂风、暴雨和巨浪，给沿海地区带来巨大的人员伤亡和财产损失。部分地区也将最大风速达到32.6m/s的热带气旋称为台风或飓风（朱乾根 等，2007）。热带气旋是全球发生频率最高、灾害影响最严重的极端天气事件之一（Zhang et al.，2009；Park et al.，2014）。

近年来，在人类活动的影响下，气候系统状态出现显著变化，热带气旋的致灾程度达到前所未有的水平。世界气象组织2020年4月发布《2015—2019年全球气候报告》指出，2015—2019年全球平均温度相较之前五年上升0.2℃，是有记录以来最热的五年。值得注意的是，2015—2019年高致灾程度热带气旋事件明显增多，热带气旋已经成为造成人类社会损失最为严重的极端天气事件。其中，2017年“哈维”登陆美国得克萨斯州，导致当地交通瘫痪、电力系统崩溃，造成的综合经济损失达1250亿美元；2019年“利奇马”在我国浙江省登陆后，继续影响江苏、安徽、山东等多个省份，导致多地降水出现历史最大值，形成严重洪涝灾害，造成11个省份、1400万人受灾。究其原因，一方面，沿海地区人口日益密集，经济更加发达，面对热带气旋的来袭愈发脆弱（Webster et al.，2005；尹宜舟 等，2013；陈英健，2017）；另一方面，在气候变化背景下，热带气旋的活动频率和空间分布发生变化，为防灾减灾工程带来严峻挑战（Mann et al.，2007a，2007b；Kossin et al.，2014）。

气候变化背景下热带气旋的活动规律研究在学术界得到了充分的重视。热带气旋活动是一个受到多尺度因子影响的动力学过程，从热带气旋生成、运动和登陆等阶段都是重要的研究对象。一般而言，气候尺度热带气旋活动规律研究可以采用理论分析、统计及归因分析和数值模拟等方法。考虑到热带气旋活动是一个受到多因素影响的复杂过程，应当对其生成和运动阶段分别加以考虑，并在此基础上研究其登陆特征。整体而言，目前关于气候变化对热带气旋活动规律影响的研究仍然十分有限。一方面，由于热带气旋早期观测手段不成熟，对热带气旋生成位置和数量的变化特征认识不足，有必要系统认识气候变化背景下热带气旋生成的时空变化特征，并揭示其与大尺度环境因子之间的物理关联；另一方面，现有模型对热带气旋运动的物理机制反映不充分，对气候尺度热带气旋活动特征的模拟能力有待提高，有必要准确把握热带气旋运动的关键影响因素，提高模型模拟结果的准确性，进而认识热带气旋的登陆特征，并探究未来全球变暖条件下热带气旋活动规律。通过对这些问题的研究，能够深入系统地认识气候变化背景下热带气旋演变规律，为我国防灾减灾工作提供科学参考。

1.1.1　热带气旋生成位置极向移动

近几十年来，全球热带气旋活动呈现出极向移动趋势（Kossin et al.，2014，2016）。Kossin et al.（2014）最早提出这一现象，基于 1982—2012 年期间全球热带气旋观测数据，以热带气旋达到生命周期内最大强度 LMI（Lifetime Maximum Intensity）作为热带气旋活动的特征指标，计算得到全球热带气旋 LMI 位置对应的纬度呈增加趋势。热带气旋活动极向移动带来的影响是多方面的，高纬度地区遭受热带气旋灾害的风险增加，而低纬度地区的淡水资源供给也可能会受到影响（Kossin et al.，2016）。热带气旋达到 LMI 位置取决于热带气旋生成位置以及后续的移动和增强过程，是受多个物理过程影响的复杂问题。在 Kossin et al.（2014）研究的基础上，学者通过分析热带气旋生成和发展过程及其相关的大尺度环境因子，进一步探究热带气旋活动极向移动的物理机制。研究指出，近几十年来太平洋海域热带气旋生成位置对应的纬度呈增加趋势，并进一步证实了热带气旋生成位置的极向移动在 LMI 位置极向移动过程中发挥主导作用（Daloz 和 Camargo，2018；Studholme 和 Gulev，2018）。这意味着热带气旋活动极向移动现象可以用生成位置为特征指标来表征。相比 LMI 而言，热带气旋生成的物理意义更加简洁，大尺度环境因子作用更加明晰（Gray，1998）。

目前关于热带气旋极向移动的物理机制研究仍然十分有限，Sharmila 和 Walsh（2018）推测是由热带极向扩张引起了热带气旋生成位置的极向移动，但尚无直接证据支持。研究指出，全球热带气旋 LMI 位置极向移动的部分原因是气候系统的长期趋势，受全球变暖等现象的直接影响，是一个不可逆转的长期趋势；同时受到区域尺度热带气旋数量变化的显著影响，具体表现为热带气旋活动纬度较高的海域热带气旋数量增加，或活动纬度较低的海域热带气旋数量减少，使得全球尺度热带气旋出现极向移动。区域尺度热带气旋数量变化受气候系统内部变率的显著影响，时间尺度为多年或几十年（Moon et al.，2015，2019；Wang et al.，2016）。随着空间尺度的减小，与全球变暖的影响相比，气候系统内部变率对海洋-大气耦合系统状态的相对影响贡献增加，从而显著影响热带气旋活动变化。气候系统内部变率的时间尺度为多年或几十年，并且具有显著的区域差异性，这为揭示热带气旋活动在统计意义上的显著性变化带来了巨大的不确定性。此外，热带气旋活动变化的趋势研究还受到数据长度的制约，1970 年以后热带气旋数据观测手段出现了巨大的发展变化（Knapp 和 Kruk，2009；Knapp et al.，2010）。因此，有必要基于具有较好准确性和一致性的热带气旋数据，识别和分析影响热带气旋活动变化的长期趋势和区域尺度效应，从而认识和理解热带气旋活动变化趋势与气候变化之间的关联性。

1.1.2 热带气旋数量变化

在气候变化背景下，热带气旋数量如何变化是一个重要的研究课题，具体可以用每年热带气旋生成的个数来表征，即热带气旋年生成频数。全球热带气旋生成频数并没有出现明显变化（Knutson et al.，2010；Walsh et al.，2016），北半球和南半球分别维持在 60 和 25 附近。更多研究将目光转向区域尺度的变化特征，研究指出，近几十年来北大西洋海域热带气旋生成频数呈增加趋势，与北大西洋海域海表温度具有较好的相关性（Mann 和 Emanuel，2006；Bruyère et al.，2012）。Landsea（2015）研究结果表明，北大西洋海域热带气旋增加很大程度上与大西洋年代际振荡呈暖相位有关。西北太平洋是热带气旋活动最频繁、强度最大的海域，也是唯一一个全年都有热带气旋活动的海域。西北太平洋海域每年热带气旋生成频数一般超过 20，个别年份甚至高达 30，约占全球的三分之一。Maue（2011）最早关注到从 20 世纪末起西北太平洋海域热带气旋数量开始减少，这一现象在后续研究中得到进一步证实（He et al.，2015；Hu et al.，2018；Zhao et al.，2018b）。然而，前人研究主要关注热带气旋在尖峰季节（西北太平洋海域通常为 7—9 月）的活动变化，忽略了季节分布特征的影响。研究指出，热带气旋生成频数具有显著的季节分布特征，而不同季节的热带气旋的变化特征和关键大尺度环境因子不同（Camargo et al.，2007a；顾成林，2018）。

早期研究就已经关注到热带气旋生成与大尺度环境因子之间的关联性（Palmén，1948；Riehl，1954；Gray，1967，1979）。目前，学者普遍认为对热带气旋生成产生影响的大尺度环境因子主要包括四种（Emanuel 和 Nolan，2004；Chand 和 Walsh，2009；Bruyère et al.，2012）：①海表温度 SST（Sea Surface Temperature），海表温度较高时，能够为热带气旋生成提供大量的水汽和能量来源；②大气 700hPa 层相对湿度 RH_{700}（Relative Humidity at 700hPa），对流层中部的暖湿空气有利于热带气旋的对流发展；③垂直风切变 ΔV（Vertical

Wind Shear)，一般定义为200hPa与850hPa层之间，较强的环境风垂直切变会引起热带气旋的暖心结构发生倾斜破坏，从而抑制热带气旋的生成；④大气850hPa层涡度ξ_{850}（Cyclonic Vorticity at 850hPa），较大的低层相对涡度和一定的地转偏向力有利于热带气旋的对流发展。从作用机制分类，海表温度和大气相对湿度属于热力因子，垂直风切变和大气涡度属于动力因子；从作用效果分类，只有垂直风切变属于不利因子，其余三个属于有利因子。气候变化背景下大尺度环境因子变化特征不同，且大尺度环境因子在不同区域和季节的相对重要性不同，这都导致热带气旋生成规律变得更加复杂（Bruyère et al.，2012；Knutson et al.，2010；Walsh et al.，2016；Sharmila和Walsh，2018）。整体而言，当前研究对热带气旋生成变化特征的认识依然较为局限，相关的大尺度环境因子作用尚不明确（Walsh et al.，2016，2019）。

1.1.3 热带气旋路径模型

认识和理解气候变化背景下热带气旋活动变化特征，往往需要借助热带气旋路径模型（Yin，2005；Kossin et al.，2010；Walsh et al.，2016，2019）。一般而言，如果路径模型可以反映出热带气旋在当前气候条件下的主要活动特征，则可以进一步将全球气候模式预估试验数据作为路径模型的输入，来模拟得到未来气候条件下的热带气旋活动特征。气候尺度研究中主要的路径模型可分为三类。

第一类是基于热带气旋历史记录的统计模型（Emanuel et al.，2006；Hall和Jewson，2007）。Emanuel et al.（2006）基于历史热带气旋运动的关键统计特征构造马尔可夫过程，根据前一时刻热带气旋的状态、位置和当前位置处的移动速度的气候概率分布，计算转移概率，对热带气旋路径进行模拟。统计学路径模式由于其简单且可操作性强的特点，一度得到广泛的应用。而近年来学者普遍对气候变化背景下统计特性的一致性表示怀疑（赵海坤，2012；Lin和Emanuel，2016）。此外，在局部区域的热带气旋观测资料较少或观测历史较短，也会影响结果的可靠性（Lin和Emanuel，2016）。

第二类是直接对全球气候模式试验结果中的类热带气旋结构进行识别和追踪的路径模型，又称直接追踪法（Murakami和Wang，2010；Murakami et al.，2011；Yokos et al.，2013）。该模型主要基于热带气旋自身特征及相关联的大尺度环境因子等信息提出一系列定义标准，追踪得到热带气旋运动路径。现阶段，气候模式对于热带气旋眼区结构等重要特征刻画并不充分，追踪得到的热带气旋数量往往依赖于定义标准和网格分辨率，结果具有较大的不确定性（尹宜舟等，2013；Tory et al.，2018；Walsh et al.，2019）。

第三类是基于控制热带气旋运动的关键物理机制的动力路径模型，又称确定性路径法（Wu 和 Wang，2004；Wu et al.，2005；Emanuel et al.，2006；Colbert et al.，2013，2015）。动力路径模式以与热带气旋运动关联的大尺度环境因子作为输入，其观测资料相比热带气旋更加丰富，可以应用于历史热带气旋样本记录稀缺的区域。更为重要的是，动力路径模型反映了控制热带气旋运动的物理机制，可以直接应用于预估热带气旋在未来气候条件下的活动性变化，动力路径模型的模拟结果相比其他两类模型具有更好的一致性和可靠性（Lin 和 Emanuel，2016；陈煜，2019）。

整体而言，动力路径模型相比前两种路径模型具有明显优势，其物理概念清晰，计算资源少，具有广泛的应用场景。动力路径模型中控制热带气旋运动的关键物理机制可以表述为：热带气旋运动主要受到大尺度环境引导气流（Steering Flow）和热带气旋与科里奥利力相互作用产生的次级非对称环流的引导作用，前者定义为热带气旋周围区域平均垂直积分的环境气流（Chan 和 Gray，1982），后者与热带气旋特性、科里奥利参数的经向梯度（β）（Carr 和 Elsberry，1990；Chan，2005）有关，因此也被称为 β 漂移（β drift）。

1.2 气候变化科学发展

气候系统是自然界的重要组成部分，为人类提供了赖以生存的基础条件，也为人类经济和社会活动可持续发展提供了关键要素。政府间气候变化专门委员会 IPCC（Intergovernmental Panel on Climate Change）发布报告指出，近几十年来全球气候系统正经历着一次以变暖为主要特征的显著变化，表现为温度升高、热带地区向两极扩张、北极冰川融化、海平面上升和极端天气事件发生频率增加等多个方面。IPCC 报告中将气候变化定义为，可使用统计检验识别的持续较长时间（典型为年代际尺度或更长时间尺度）的气候系统的状态变化。

1.2.1 气候变化主要特征

从影响因素来看，造成气候变化的原因可以分为两种：一是如太阳的辐射变化、火山喷发和气候模态变化等自然原因，是气候系统内部自然变率的影响体现；二是如人类活动造成温室气体排放、气溶胶排放和土地利用变化等人为原因（秦大河，2018）。气候系统各要素结果表明，全球变暖趋势仍在继续，其中人类活动造成温室气体排放是导致全球变暖的关键，已经对全球气候系统产生不可逆转的影响。人类活动对气候的影响越大，人类社会面临的风险就越高并且越广泛（Karl et al.，1993；Emanuel，2005；Knutson et al.，2010；Dai et al.，2011）。

从空间尺度来看，气候变化包括全球尺度气候系统变化和区域尺度气候系统变化。全球尺度气候系统变化强调的是气候系统的整体性、一致性变化特征，近几十年来其最突出的特征是全球变暖及与之相关的一系列影响；区域尺度气候变化特征差异显著，这是因为随着空间尺度的减小，与全球变暖的影响相比，气候系统自然变率对气候系统变化的相对贡献增加，气候系统自然变率现象往往具有典型的区域特征（Wang et al.，2013a；IPCC，2021）。

从时间尺度来看，气候变化大致可以分为地质时间尺度、百年和年代际时间尺度的变化。地质时间尺度的气候变化也被称为气候变迁，时间尺度为万年到百万年，主要受地质构造运动驱动，对气候系统中的海陆分布、生态系统和大气成分等方面造成影响（Liu，2001；Brandon et al.，2013）；百年时间尺度气候变化的主导因素是人类活动，1750年人类第一次工业革命兴起，人类活动日益加剧，造成大气中温室气体浓度达到前所未有的水平并显著改变了土地利用类型（Lal，2004；Goldewijk et al.，2010）；年代际时间尺度的气候变化同样受到人类活动的影响，近几十年来人类活动对气候系统的影响呈增长趋势，1970年以来人为排放的温室气体总量约为1750年以来总排放量的二分之一（Duan et al.，2006；Walsh et al.，2016，2019），需要指出的是，年代际时间尺度的气候变化还受到气候系统自然变率现象的显著影响，其中区域典型气候模态的影响尤为突出。区域典型气候模态是气候变化的重要方面，具有明显的周期性和典型的区域特征，显著影响着区域尺度海洋-大气耦合系统的状态变化（Maue，2009；Wang et al.，2013a）。

气候变化为21世纪人类生存和发展带来严峻挑战，积极开展气候变化规律和影响研究，科学推进应对气候变化的各项举措，已经成为全人类社会的普遍共识。观测研究表明，气候变化背景下，热带气旋、干旱、高温等极端天气事件的发生频率、强度、空间和时间范围出现了显著变化，极端天气事件的灾害风险不断提高（Emanuel，2005；Dai et al.，2011）。对气候变化背景下极端天气事件的变化进行检测和归因，在统计意义下揭示其已发生的显著性变化，并提供对其与气候变化之间的关联的物理解释，是气候变化研究领域的前沿科学问题（Karl et al.，1993；Knutson et al.，2010）。

1.2.2 全球气候模式发展

全球气候模式（Global Climate Model）是气候变化研究的基础性工具，也是未来气候预测和预估的重要手段（Taylor et al.，2012）。全球气候模式建立在气候系统各部分的物理学、化学乃至生物学特性及其相互作用的基础上，是气候系统的数值表现形式。全球气候模式经历了长期的发展过程，最早起源于大气环流模式，能够刻画出大气环流的气候尺度平均特征（Phillips，1956）；20世纪60年代到70年代中期，在全球多个研究机构的推动下，全球气候模式得到进一步发展，实现了对大气环流和海洋环流的耦合模拟（Williams 和 Davies，1966；Bryan，1969）；20世纪70年代后期以来，随着气候系统观测资料的不断丰富和高性能计算的迅速发展，全球气候模式的模拟准确度显著提高，成为气候变化问题研究的重要手段（Gruber 和 Krueger，1984；Gates，1992）；进入21世纪，全球气候模式进一步将地球的各圈层作为一个相互作用的整体，基于地球系统中的动力、物理、化学和生物过程建立数学方程组和参数化方案，实现对整个地球系统的模拟和预测（Knutti et al.，2013）。考虑到单个全球气候模式结果具有不可忽略的模式偏差，世界气候研究计划组织为了得到可靠性更好的气候变化预估结果，制定了耦合模式比较计划 CMIP（Coupled Model Intercomparison Project）对多个全球气候模式的模拟结果进行综合评估。目前，第3阶段的 CMIP 计划（CMIP3）和第5阶段的 CMIP 计划（CMIP5）的全球气候模式综合评估结果分别在 IPCC 第四次评估报告和第五次评估报告中得以应用。CMIP5 主体构成部分是全球大气-海洋耦合模式，并包括多个圈层的分量模式（如陆面模式、生物圈模式等），相比于 CMIP3 而言，CMIP5 中全球气候模式的复杂度增加，分辨率提高，对物理过程的描述更接近实际情况（Taylor et al.，2012）。

全球气候模式采用的数值模拟试验，主要包括对历史时段的数值模拟试验和对未来时段的预估试验两部分。全球气候模式最直接的评估方式是与观测数据进行定量比较，一般而言，在使用全球气候模式预估结果之前，需要利用全球气候模式对历史时段的数值模拟试验结果，与观测结果进行对比，以对模式的可靠性进行验证。利用全球气候模式预估未来气候系统的变化特征，需要构建未来社会经济状态或温室气体排放的一系列情景，对各种可能的发展状况加以定量描述，即气候变化情景。在 CMIP5 设计的标准试验框架中，全球气候模式选择典型浓度路径 RCP（Representative Concentration Pathways）作为气候变化情景，开展21世纪气候预估试验。RCP 的具体含义为未来温室气体排放达到稳定浓度时全球气候系统达到某一单位面积辐射强迫的情景，其基本假设为任何一种典型浓度路径都是社会经济、技术和政策等多方面的发展过程及其相互作用的结果（IPCC，2014）。例如，RCP8.5 情景表示2100年辐射强迫达到 $8.5W/m^2$，代表了最高的温室气体排放情景，其内在假定包括：人口最多、技术革新率不高、能源使用结构改善缓慢，带来人口收入增长缓慢，这就需要长时间的化石能源需求及大量的温室气体排放，限制了人类社会对气候变化的应对举措；RCP4.5 情景表示2100年辐射强迫稳定在 $4.5W/m^2$，代表了中等的温室气体排放情景，其内在假定包括：以使用电能和低排放能源技术等手段改变能源使用结构体系，同时开展碳捕获和地质储藏技术等，达到对温室气体排放的限制（Taylor et al.，2012）。

尽管CMIP5的全球气候模式分辨率较之前有了明显提高，已经达到水平100km的水平（Taylor et al.，2012），目前全球气候模式对热带气旋活动的直接模拟仍存在很大的不确定性。全球气候模式很难准确模拟出热带气旋活动的时空变化特征，主要是由于模式很难精细刻画热带气旋的内部结构，没有充分反映热带气旋物理和动力过程。全球气候模式对热带气旋活动模拟结果的可靠性从全球尺度到区域尺度降低（IPCC，2014；Walsh et al.，2016，2019），结果表明，21世纪末期全球尺度热带气旋生成频数可能会减小或者基本不变，对于西北太平洋海域热带气旋的生成频数，不同研究的结论不一致（McDonald et al.，2005；Oouchi et al.，2006；Murakami和Wang，2010；Murakami et al.，2011；Bell et al.，2019）。

为尽量减小不确定性的影响，学者提出基于全球气候模式21世纪预估试验中的大尺度环境因子模拟结果，对未来全球变暖影响下热带气旋活动变化规律进行探究。Wu和Wang（2004）首次提出了用以描述气候尺度热带气旋活动特征的路径模型，将全球气候模式风场试验数据作为模型输入，模拟得到西北太平洋海域热带气旋路径的变化趋势，具体表现为向西直行的热带气旋数量减少，转折向北的热带气旋数量增加。Colbert和Soden（2012）在Wu和Wang（2004）的基础上进一步完善了路径模型，Colbert et al.（2015）利用该模型探究全球变暖对西北太平洋海域热带气旋活动变化的影响，结果表明，随着全球变暖，未来菲律宾群岛附近热带气旋活动频率呈下降趋势，较高纬度开阔海域热带气旋活动频率呈增加趋势。然而，不同学者建立的路径模型都存在各自的适用范围，对热带气旋运动特性仍未形成统一描述。当前，发展一种兼具准确性和实用性的路径模型，揭示全球变暖条件下热带气旋活动变化规律，仍是亟待解决的前沿热点问题。

1.3 研究内容

本书旨在充分探讨气候变化对热带气旋活动规律的影响，从认识气候变化对全球和区域尺度热带气旋生成的时空分布特征的影响入手，建立热带气旋生成与大尺度环境因子的物理关联。准确把握热带气旋运动的关键影响因素，发展一套兼具准确性和实用性的热带气旋路径模型。在对模型进行充分验证的基础上，研判未来全球变暖条件下西北太平洋海域热带气旋活动规律及其对我国的潜在影响。本书研究的主要内容如下：

（1）全球尺度热带气旋生成位置的极向移动趋势。基于全球热带气旋观测数据，分析北半球和南半球热带气旋生成位置的极向移动趋势的物理机制，揭示全球热带气旋生成位置的极向移动长期趋势与热带极向扩张之间的关联性，探究不同强度等级热带气旋生成位置的极向移动趋势。

（2）区域尺度热带气旋生成频数时空演变规律。联合使用多个年代际突变检测方法并进行交叉验证，对近几十年来西北太平洋海域热带气旋生成的时空变化特征进行研究，并选取与其空间相邻的南太平洋海域开展对比分析。分析影响热带气旋生成的大尺度环境因子的时空变化特征，探究关键大尺度环境因子的影响作用。关注超强台风生成时空变化特征的特殊性。

（3）热带气旋路径模型构建与应用。推导并提出合理反映环境气流对热带气旋运动影响的β漂移速度表达式，并将其应用于热带气旋路径模型。模拟西北太平洋海域和北大西洋热带气旋活动频率，并与观测结果进行对比，以验证路径模型对气候尺度热带气旋活动特征模拟的准确性。针对热带气旋活动频率、盛行路径和登陆等典型问题，对比基于不同β漂移速度计算方案的路径模型的模拟结果，以证实构建新的路径模型的必要性和优越性。

（4）未来全球变暖条件下热带气旋活动及其对我国的影响。基于对全球和区域尺度热带气旋生成规律的认识，利用热带气旋路径模型，探究未来全球变暖条件下西北太平洋海域热带气旋活动变化规律。采用三个全球气候模式的21世纪预估试验数据，模拟21世纪末期西北太平洋海域热带气旋活动特征，探究全球变暖条件下热带极向扩张的影响作用，分析不同温室气体排放情景下西北太平洋海域热带气旋活动规律及其对我国的潜在影响。

第 2 章 全球尺度热带气旋生成位置的极向移动趋势

目前，关于热带气旋生成变化趋势研究仍然存在若干局限性：一些学者（Daloz 和 Camargo，2018；Sharmila 和 Walsh，2018）指出热带气旋生成位置存在向两极移动趋势，并推测其与热带极向扩张具有关联性，但尚无直接证据支撑二者的物理关联；全球热带气旋生成变化趋势既受全球变暖的影响，也受年际和年代际尺度气候系统内部变率的影响，这为揭示热带气旋活动在统计意义上的显著性变化带来了巨大的不确定性；热带气旋生成变化趋势研究还受数据长度的制约，主要是由于 1970 年之后开始采用卫星对热带气旋进行观测，并逐渐取代了其他传统观测手段，如船舶、飞机等；不同强度等级热带气旋是否对气候变化具有不同的响应，仍是悬而未决的难题。

本章聚焦于近几十年来气候变暖条件下全球尺度热带气旋生成位置的变化趋势研究，分析北半球和南半球热带气旋生成位置的极向移动趋势，分离并讨论区域尺度因素影响，论证全球热带气旋生成位置的极向移动与全球气候变暖的关联性，并对各强度等级热带气旋生成位置极向移动不同趋势的成因给出分析。通过对这些问题的探究，能够明确气候变化背景下全球热带气旋生成演变规律，为研究未来热带气旋活动变化特征提供重要理论依据。

2.1 数据与方法

热带气旋数据来源于热带气旋最佳路径数据集 IBTrACS（International Best Track Archive for Climate Stewardship），版本号为 v04。IBTrACS 数据集整合了多个区域专业气象中心的热带气旋数据。早期热带气旋数据观测手段主要包括近地面观测、船舶及探空飞机观测，从 1960 年起，热带气旋数据观测手段有了重要进展，首次引入卫星观测资料，并在 1970 年初引入地球同步卫星连续观测资料；同时，近地面观测手段也日臻完备，观测手段的发展大大提高了热带气旋观测数据的准确性（Knapp et al.，2010）。需要注意的是，热带气旋数据观测手段的发展变化会带来数据的非一致性问题，通常认为热带气旋数据在1979年之后具有较好的一致性。选取1979—2018年期间热带气数据，热带气旋生成位置取数据集中的第一个记录点，全球热带气旋生成位置及各大海域划分范围如图2.1所示。

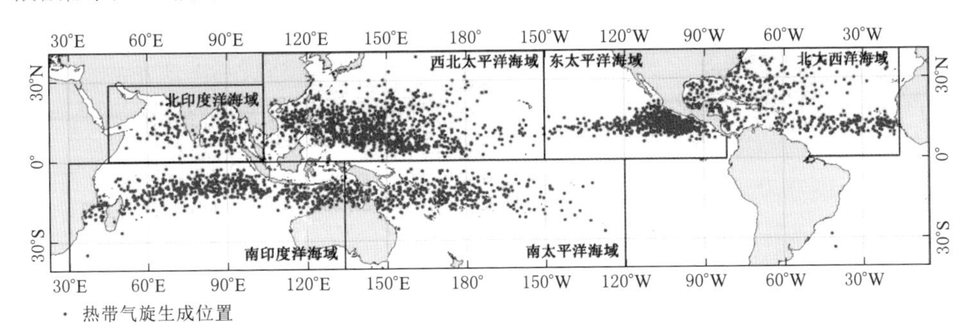

图2.1 1979—2018年期间全球热带气旋生成位置及各大海域划分范围

热带气旋强度等级标准为全球通用的热带气旋紧急响应决策标准SSHWS（Saffir - Simpson Hurricane Wind Scale；Tylor et al.，2010）。依据该标准，将热带气旋分为3类：①热带风暴，最大风速大于等于17.5m/s且小于32.9m/s；②弱台风（Weak Typhoon），最大风速大于等于32.9m/s且小于49.4m/s；③超强台风（Intense Typhoon），最大风速大于等于49.4m/s。弱台风和超强台风一般合称为台风（Typhoon），对应最大风速大于等于32.9m/s。1979—2018年期间全球各强度等级热带气旋数量如表2.1所示。

表2.1　　1979—2018年期间全球各强度等级热带气旋数量

范围	热带风暴	弱台风	超强台风	总计
北半球	1003	636	645	2284
南半球	438	274	287	999

大气层顶向外长波辐射Γ_{Top}（Outgoing Longwave Radiation）数据，来源于美国国家大气研究中心NCAR（National Center for Atmospheric Research）的向外长波辐射内插数据集，水平分辨率为2.5°×2.5°，垂向高度为大气层顶（Liebmann和Smith，1996）。大气850hPa层绝对涡度ξ_{850}数据由相对涡度和地转涡度相加得到。其中，相对涡度数据来源于美国国家环境预测中心NCEP（National Centers for Environmental Prediction）与美国国家大气研究中心NCAR的再分析资料，水平分辨率为2.5°×2.5°（Kalnay et al.，1996）。本章选取1979—2018年间的大气因子逐月平均数据。本章仅在数据介绍部分涉及相对涡度，文中无特殊说明时，用涡度指代绝对涡度。

在 Moon et al.（2015）关于热带气旋 LMI 位置趋势变化的认识基础上，对全球热带气旋生成位置的极向移动趋势中区域尺度热带气旋数量变化的贡献进行计算（Shan 和 Yu，2020a）。对于任一热带气旋生成位置对应的纬度 ψ，可分为三个部分：

$$\psi=\overline{\Psi}+\overline{\varphi}+\psi' \tag{2.1}$$

式中：$\overline{\Psi}$ 表示该热带气旋所在半球的热带气旋平均生成纬度；$\overline{\varphi}$ 表示该热带气旋所在海域的热带气旋平均生成纬度与 $\overline{\Psi}$ 的纬度差；ψ' 表示该热带气旋生成纬度 ψ 与 $\overline{\Psi}+\overline{\varphi}$ 的纬度差。

区域尺度热带气旋数量变化对半球尺度热带气旋生成位置极向移动趋势的贡献影响，记为 $\widetilde{\varphi}_1$，可以表示为

$$\widetilde{\varphi}_1=\frac{1}{M}\sum(\overline{\varphi}\times m) \tag{2.2}$$

式中：M 表示北半球或南半球每年热带气旋生成数量；m 表示位于北半球或南半球的各海域每年热带气旋生成数量，对于每个半球有 $M=\sum m$。

分离区域尺度热带气旋数量变化贡献后得到半球尺度热带气旋生成位置极向移动趋势的剩余部分，即半球尺度热带气旋生成位置极向移动的长期变化，记为 $\widetilde{\varphi}_2$，可以表示为

$$\widetilde{\varphi}_2=\frac{1}{M}\sum(\widetilde{\varphi}'\times m) \tag{2.3}$$

为方便指代，本章后续将 $\widetilde{\varphi}_1$ 序列称为区域数量变化贡献，将 $\widetilde{\varphi}_2$ 序列称为热带气旋生成位置极向移动的长期变化。全球热带气旋生成位置的趋势分析采用95%置信水平，即当观测得到的变化趋势是随机发生的可能性小于5%时，认为该趋势在统计意义上显著。

2.2　全球热带气旋生成位置的极向移动趋势

本节基于1979—2018年期间全球热带气旋数据，对北半球和南半球热带气旋生成位置纬度时间序列进行分析，并讨论区域尺度热带气旋数量变化的影响贡献。北半球和南半球热带气旋生成位置纬度时间序列及对应线性趋势如图2.2所示。结果表明，北半球热带气旋生成位置的极向移动趋势为0.63°/10a，南半球热带气旋生成位置的极向移动趋势为0.32°/10a，均达到95%置信水平。将上述结果与前人研究中关注的热带气旋 LMI 位置的极向移动趋势进行对比。Kossin et al.（2014）研究结果表明，1982—2012年期间北半球和南半球热带气旋 LMI 位置的极向移动趋势分别为0.48°/10a 和0.55°/10a；Studolme 和 Gulev（2018）研究结果表明，1981—2016年期间北半球和南半球热带气旋 LMI 位置

的极向移动趋势分别为 0.10°/10a 和 0.45°/10a。北半球和南半球热带气旋生成位置的极向移动趋势与 LMI 位置的极向移动趋势基本相当，其中北半球热带气旋生成位置的极向移动趋势相比 LMI 位置略有偏大，南半球热带气旋生成位置的极向移动趋势相比 LMI 位置略有偏小。

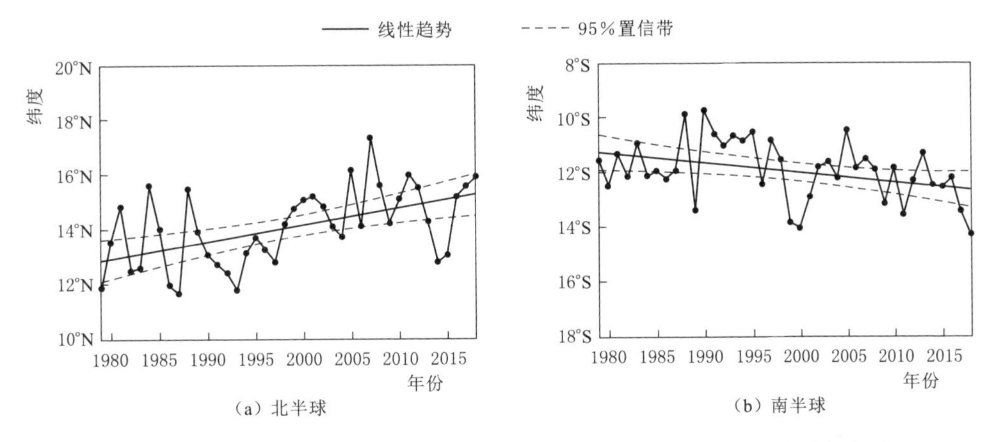

图 2.2 1979—2018 年期间北半球和南半球热带气旋生成位置纬度时间序列

进一步计算得到热带气旋生成位置和 LMI 位置的纬度差年平均值序列，发现二者的纬度差不具有显著趋势。考虑到热带气旋达到 LMI 位置取决于其生成位置以及后续过程，可以得出结论，全球热带气旋生成位置呈显著的极向移动趋势是热带气旋 LMI 位置极向移动的主导因素，这一结论与前人研究一致（Daloz 和 Camargo，2018；Studholme 和 Gulev，2018）。比较 Studolme 和 Gulev（2018）、Kossin et al.（2014）关于北半球热带气旋 LMI 位置极向移动的研究结果，可以发现二者计算得到的趋势大小存在差异，Studolme 和 Gulev（2018）的计算结果明显偏小。Studolme 和 Gulev（2018）指出这是由于研究时段不同，特别是 2013—2016 年期间热带气旋 LMI 位置极向移动趋势显著放缓，使得整体趋势偏小。这意味着热带气旋 LMI 位置极向移动趋势可能受到多年尺度因子的显著影响，从而为揭示热带气旋活动在统计意义上的显著性变化带来不确定性。研究指出，北半球热带气旋 LMI 位置极向移动趋势中包含了区域尺度热带气旋数量变化的贡献，而区域尺度热带气旋数量变化受到年际和年代际尺度气候系统内部变率的显著影响。

根据式（2.2）和式（2.3），分别计算 $\widetilde{\varphi}_1$ 和 $\widetilde{\varphi}_2$ 序列，结果如图 2.3 所示。计算 $\widetilde{\varphi}_1$ 和 $\widetilde{\varphi}_2$ 序列的线性趋势得到，对于北半球，区域热带气旋数量变化贡献为极向移动 0.22°/10a，达到 95%置信水平；对于南半球，区域热带气旋数量变化贡献非常小，几乎可以忽略。北半球热带气旋生成位置的极向移动长期趋势为 0.41°/10a，南半球热带气旋生成位置的极向移动长期趋势为 0.33°/10a，二者均达到 95%置信水平。由上可见，分离区域尺度热带气旋数量变化贡献后，北半球与南半球热带气旋生成位置的极向移动长期趋势更加接近，这意味着全球范围内热带气旋生成位置的极向移动可能受到同一机制的影响。

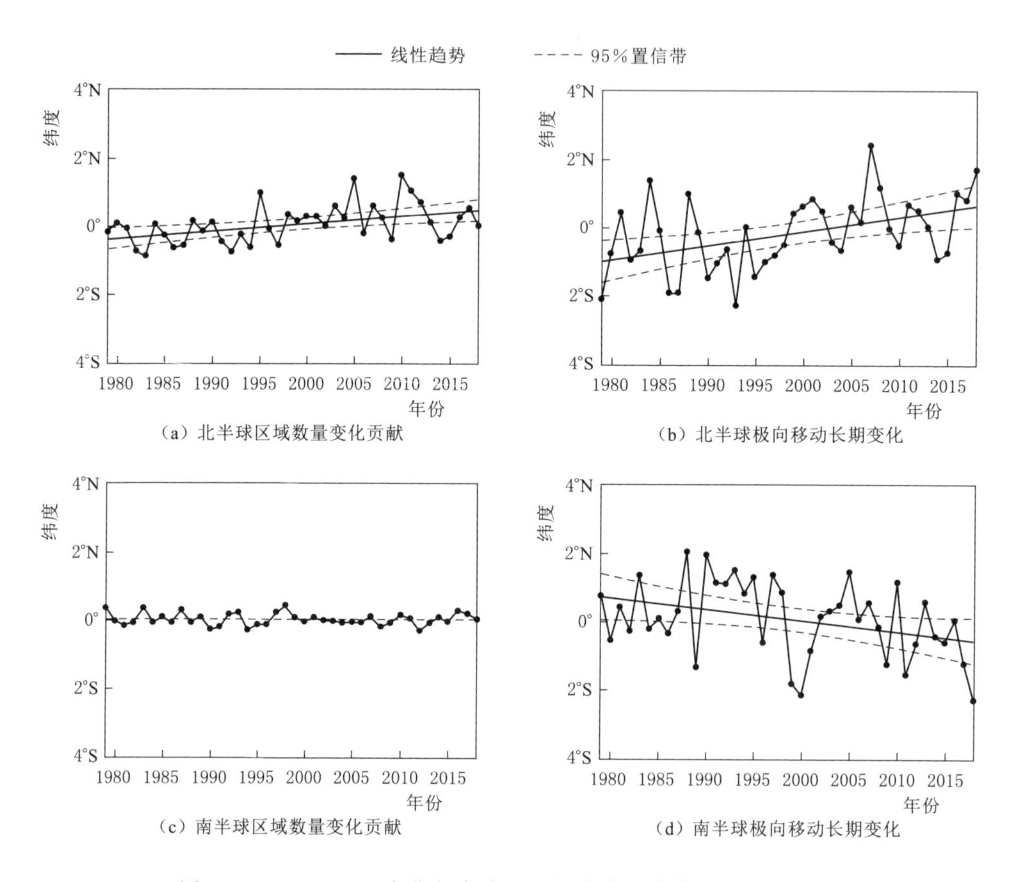

图 2.3　1979—2018 年期间各半球区域热带气旋数量变化贡献和热带气旋生成位置的极向移动长期变化

区域热带气旋数量变化贡献背后的成因如何？研究指出，过去几十年尽管北半球热带气旋数量无显著变化，北大西洋和西北太平洋海域出现明显变化（Walsh et al.，2016，2019）。如图 2.4 所示，北大西洋海域热带气旋生成频数增加。北大西洋海域热带气旋生成位置平均纬度（表 2.2）较高，平均值达 20.3°N，远大于北半球平均值 14.1°N，对应 $\overline{\varphi}=6.2°$。北大西洋海域热带气旋生成频数增加，使得北半球热带气旋生成平均纬度增加。与北大西洋海域不同，过去几十年来西北太平洋海域热带气旋生成频数有所减小，且热带气旋生成位置纬度较低，小于北半球平均纬度值，对应 $\overline{\psi}=-1.6°$。西北太平洋海域热带气旋生成频数减小，同样使得北半球热带气旋生成平均纬度增加。因此，北半球区域尺度热带气旋数量变化贡献为正，主要是由于北大西洋海域热带气旋生成位置纬度较高且频数增加，西北太平洋海域热带气旋生成位置纬度较低且频数减小，从而导致北半球热带气旋生成位置的极向移动趋势略大于南半球。

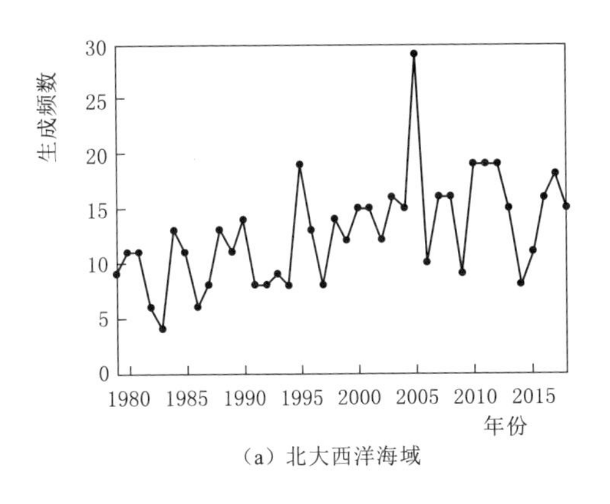

（a）北大西洋海域

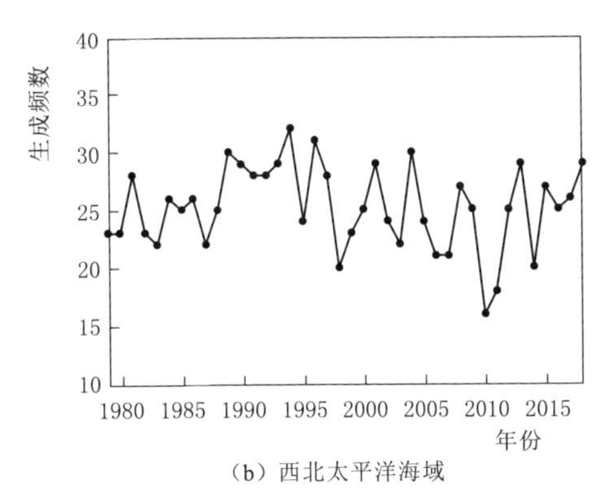

（b）西北太平洋海域

图 2.4　1979—2018 年期间热带气旋生成频数序列

表 2.2　　1979—2018 年期间各海域热带气旋基本信息

统计量	北半球					南半球			
	西北太平洋	北大西洋	东北太平洋	北印度洋	总计	南太平洋	南印度洋	南大西洋	总计
数量	1008	472	612	192	2284	393	604	2	999
生成位置纬度范围	[0.1°N，31.3°N]	[7.2°N，46.0°N]	[1.9°N，29.5°N]	[1.6°N，22.0°N]	[0.1°N，46.0°N]	[3.2°S，27°S]	[2.5°S，34.7°S]	—	[2.5°S，34.7°S]
生成位置纬度平均值	12.5°N	20.3°N	13.0°N	11.3°N	14.1°N	13.0°S	11.3°S	—	11.9°S

此外，据研究，北大西洋海域热带气旋生成频数变化主要受到大西洋年代际振荡 AMO（Atlantic Multidecadal Oscillation）相位变化的影响（Maue，2009；Wang 和 Lee，2009）。AMO 是气候系统内部变率的重要模态之一，主导了北大西洋海洋-大气耦合系统状态，并进而影响热带气旋生成。当 AMO 处于暖相位时，北大西洋海域海表温度较高，为热带气旋生成和发展带来大量的水汽和能量，有利于热带气旋生成，冷相位时则相反。1990 年以来，AMO 进入暖相位，北大西洋海域热带气旋频数显著增加。然而，前人研究关于西北太平洋海域热带气旋生成频数变化的原因尚存在诸多不足之处（Lin 和 Chan，2015；He et al.，2015），本书将在第 3 章对该问题展开分析。

2.3 不同强度等级热带气旋生成的极向移动趋势

研究指出，不同强度等级热带气旋对于气候变化的响应不同，往往具有不同的变化特征（Kang 和 Elsner，2016；Zhan 和 Wang，2017；Zhan et al.，2017）。因此，有必要探究不同强度等级热带气旋生成位置的极向移动趋势。本节首先说明热带气旋强度分级标准，并给出三种不同强度等级热带气旋生成纬度分布气候态特征分析，然后指出不同强度等级热带气旋具有不同的极向移动趋势，最后给出造成不同趋势的物理机制分析。

1. 热带气旋强度分级

基于热带气旋最大风速，可将热带气旋分为热带风暴、弱台风和超强台风三类，分类依据国际通用的 SSHWS 标准（Taylor et al.，2010），分类阈值详见 2.1 节。图 2.5 给出了全球范围内热带风暴、弱台风和超强台风生成位置的空间分布，超强台风的生成位置相比热带风暴和弱台风更靠近赤道，这一现象在纬度分布范围更广的北半球更加明显。如表 2.3 所示，北半球超强台风生成位置纬度平均值为 11.7°N，而热带风暴和弱台风生成位置纬度平均值则均接近 15°N。超强台风的生成位置纬度范围在北半球约为 30°，在南半球约为 20°，明显小于热带风暴和弱台风的纬度范围；相比之下，超强台风的生成位置更加集中于低纬度地区。进一步，计算不同强度等级热带气旋生成位置与 LMI 位置之间的纬度差，结果表明弱台风和超强台风的生成位置与 LMI 位置之间平均纬度差大小相当，北半球约为 7°，南半球约为 6°。

表 2.3　1979—2018 年期间各强度等级热带气旋基本信息

统计量	北半球				南半球			
	热带风暴	弱台风	超强台风	总计	热带风暴	弱台风	超强台风	总计
数量	1003	636	645	2284	438	274	287	999
生成位置纬度范围	[1.8°N, 46.0°N]	[1.3°N, 44.0°N]	[0.1°N, 31.8°N]	[0.1°N, 46.0°N]	[3°S, 33.6°S]	[2.5°S, 34.7°S]	[2.8°S, 23.1°S]	[2.5°S, 34.7°S]
生成位置纬度平均值	15.3°N	14.7°N	11.7°N	14.1°N	12.5°S	12.0°S	11.0°S	11.9°S

2. 不同强度等级热带气旋极向移动趋势

图 2.6 给出热带风暴、弱台风和超强台风生成位置纬度时间序列及其线性趋势。北半球和南半球热带风暴生成位置均呈显著的极向移动趋势，达到 95%置信水平。北半球和南半球热带风暴的极向移动趋势分别为 0.87°/10a 和 0.50°/10a，相比热带气旋整体极向移动趋势较快，这与 Zhan 和 Wang（2017）关于热带风

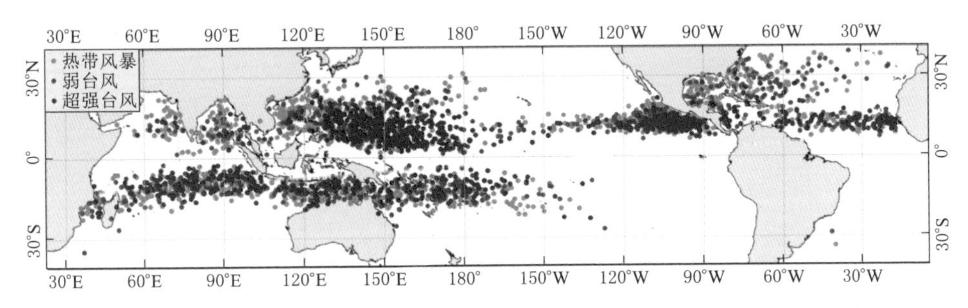

图 2.5 1979—2018 年期间全球各强度等级热带气旋生成位置的空间分布

暴 LMI 位置极向移动的研究结论是一致的。除热带风暴之外，Zhan 和 Wang（2017）将台风作为整体考虑，得出台风 LMI 位置无显著趋势。基于上述结果，Zhan 和 Wang（2017）推测得到热带气旋活动极向移动以强度较小的热带风暴为主，对高纬度地区的潜在威胁较小。与 Zhan 和 Wang（2017）不同的是，本节进一步将台风分为两类，包括弱台风和超强台风，对二者生成位置变化分别加以考虑。结果表明，北半球超强台风生成位置具有显著的极向移动趋势，为 0.67°/10a，置信水平达到 95%，北半球弱台风生成位置没有显著趋势。南半球超强台风和弱台风生成位置均没有显著趋势。可以得到，超强台风生成位置的变化趋势与弱台风相比具有显著差异，而 Zhan 和 Wang（2017）将台风作为整体考虑，从而忽视了超强台风生成位置的显著性变化。考虑到超强台风生成位置的极向移动会引起超强台风活动极向移动，而超强台风一旦登陆将对沿海地区带来极大的影响（Landsea，1993），超强台风生成位置的极向移动现象需要特别引起关注。

3. 物理机制分析

为回答造成不同强度等级热带气旋生成位置的极向移动趋势差异的原因，分别针对各强度等级热带气旋，基于式（2.2）计算得到 $\widetilde{\varphi}_1$ 序列，即区域数量变化贡献；基于式（2.3）计算得到 $\widetilde{\varphi}_2$ 序列，即各强度等级热带气旋生成位置的极向移动长期变化。图 2.7 给出了热带气旋生成位置的极向移动长期变化趋势随热带气旋强度等级的变化。结果表明，分离区域数量变化贡献之后，北半球和南半球热带气旋生成位置的极向移动长期趋势随强度的变化规律趋于一致，极向移动长期趋势随强度先减小后增加。热带风暴和超强台风生成位置呈显著的极向移动长期趋势，而弱台风无显著趋势。北半球和南半球热带风暴生成位置的极向移动长期趋势分别为 0.68°/10a 和 0.31°/10a，超强台风生成位置的极向移动长期趋势分别为 0.56°/10a 和 0.55°/10a，均达到 95%置信水平。需要指出的是，超强台风生成位置具有显著的极向移动趋势这一结论未曾在前人研究中提及（Zhao 和 Wang，2017；Daloz 和 Camargo，2018；Studholme 和 Gulev，

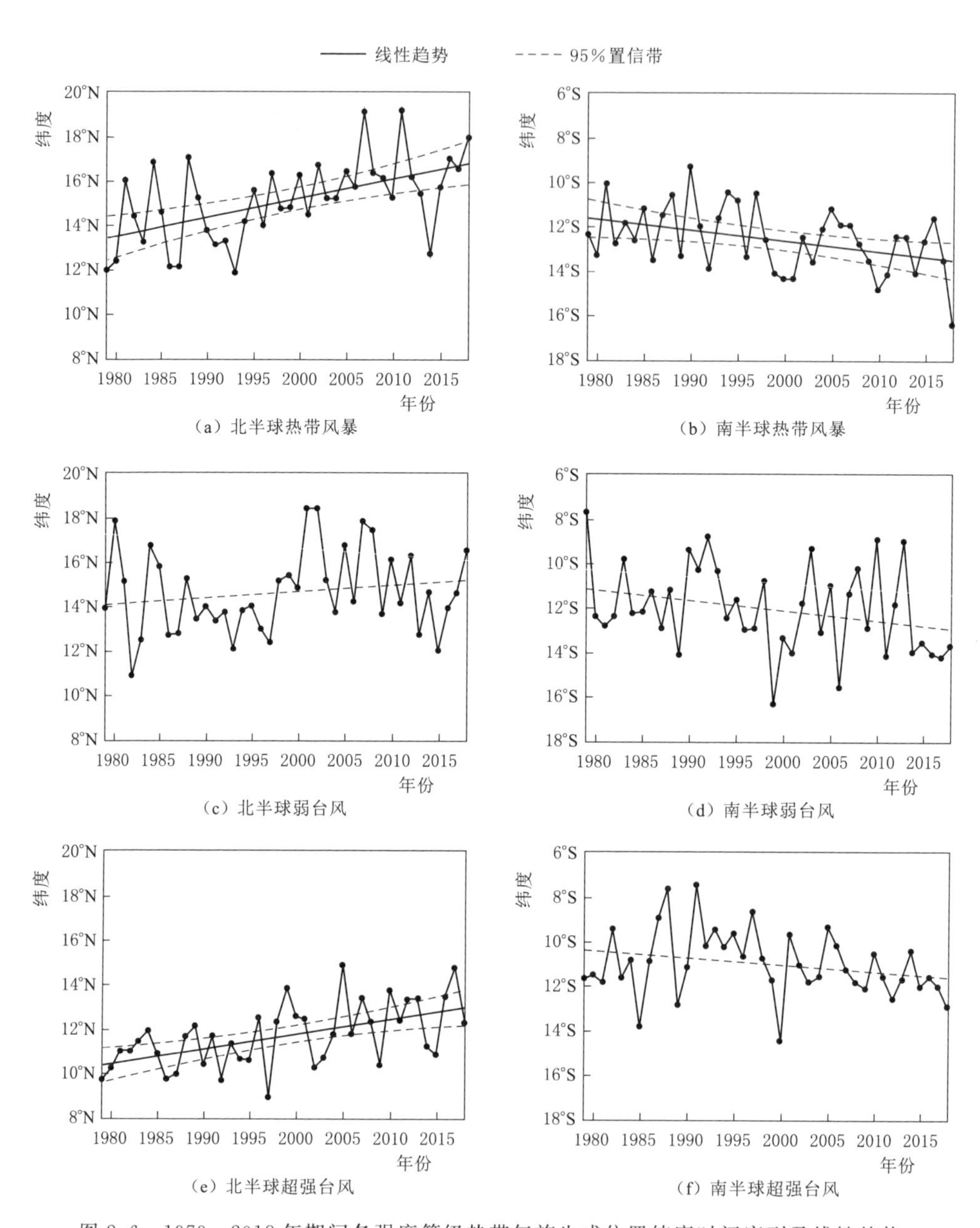

图 2.6　1979—2018 年期间各强度等级热带气旋生成位置纬度时间序列及线性趋势

2018)。

全球热带风暴、弱台风和超强台风生成频率及其变化随纬度的分布如图 2.8 所示。结果表明，各强度等级热带气旋生成频率随纬度分布的特征较为类似，主要分布在 30°S～30°N 范围内，在北半球和南半球各出现一个峰值。在赤道附

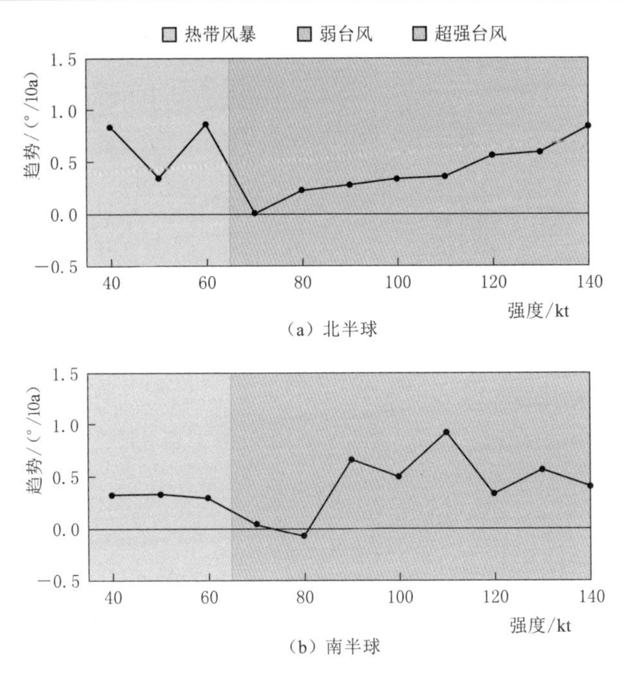

图 2.7 1979—2018 年期间各强度等级热带气旋生成位置的极向移动长期趋势随热带气旋强度的变化

近的较低纬度地区，各强度等级热带气旋生成数量减少，这主要与热带极向扩张引起的赤道附近大气涡度减小有关。在较高纬度地区，热带风暴和超强台风生成数量增加，而弱台风几乎没有增加。热带风暴和超强台风在较低纬度地区生成减少、在较高纬度地区生成增加的变化特征，使得北半球和南半球热带风暴和超强台风生成位置均呈现出显著极向移动的长期趋势，这能够较好地解释热带气旋极向移动趋势随强度等级变化的规律。可以发现，热带风暴和超强台风生成数量增加对应的纬度具有明显差异，北半球热带风暴生成数量增加的峰值位于 14°N 和 20°N 附近，超强台风的峰值位于 10°N 附近；南半球热带风暴生成数量增加的峰值位于 16°N 附近，超强台风的峰值位于 14°N 附近，热带风暴生成数量增加对应的纬度相比超强台风较高。热带气旋从生成到达到超强台风等级需要较大的纬度距离，在较高纬度地区生成的热带气旋大多数只能发展达到热带风暴等级。

研究指出，近几十年来日本和韩国等较高纬度地区的热带气旋登陆强度呈显著的增加趋势，而较低纬度地区的热带气旋登陆强度则无显著趋势（Chan，2008；Park et al.，2011，2014；Mei 和 Xie，2016）。本节给出结论，超强台风生成位置具有显著极向移动的长期趋势，这会引起超强台风活动整体极向移动，导致超强台风在较高纬度地区更加活跃，推测这可能是较高纬度地区的热带气

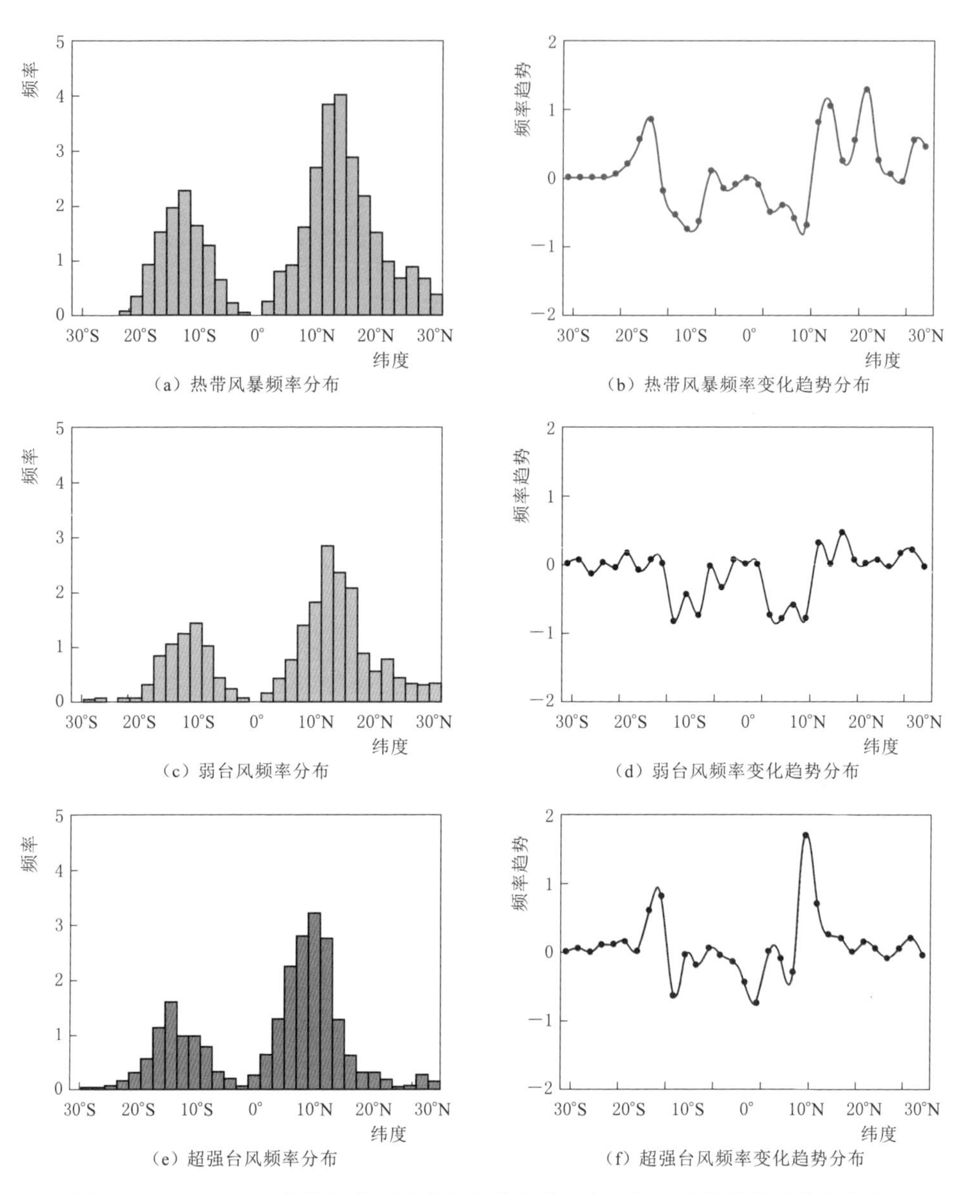

（a）热带风暴频率分布　（b）热带风暴频率变化趋势分布

（c）弱台风频率分布　（d）弱台风频率变化趋势分布

（e）超强台风频率分布　（f）超强台风频率变化趋势分布

图 2.8　1979—2018 年期间各强度等级热带气旋频率和频率变化趋势随纬度分布

旋登陆强度增加的合理解释之一。

北半球和南半球超强台风生成位置呈显著极向移动的长期趋势，这一发现值得引起科学界和政策制定者的共同关注。从科学研究的角度来讲，不同强度等级热带气旋的变化趋势差异及其内在机制是热带气旋研究的重要课题（Kang 和 Elsner，2016；Zhan 和 Wang，2017；Zhan et al.，2017），新现象的提出有利于进一步认识热带气旋的活动变化规律；从社会影响的角度来讲，超强台风具有极强的破坏力，登陆后会给沿海地区带来严重的生命财产损失（Landsea，1993），超强台风生成位置的极向移动将引起超强台风活动的极向移动趋势，对高纬度地区的影响加剧。

2.4 全球气候变暖对热带气旋生成位置的影响

1979 年以来随着温室气体排放增加和臭氧损耗，热带地区出现向两极扩张的趋势（Seidel et al.，2008；Reichler，2009；司东 等，2010；Dai，2011；Lucas et al.，2014；Staten et al.，2018）。热带气旋生成位置的极向移动是否与热带极向扩张存在关联性？在探究这一问题之前，有必要找到合理刻画热带边缘的定量指标。随着对全球变暖认识的不断加深，学者普遍认为直接选取海表温度阈值定义热带边缘的方法不再可行，致力于提出气候变化背景下能够合理刻画热带边缘的定量指标。Hu 和 Fu（2007）基于热带环流的基本特征，提出将大气层顶处的向外长波辐射 Γ_{Top}的高值带作为热带边缘定义。Γ_{Top}值的大小取决于地表辐射和大气层的云层阻碍作用，当地表辐射越大，大气层的云层对辐射的阻碍作用越弱，Γ_{Top}的值越大。如图 2.9 所示，热带边缘附近出现一条明显的 Γ_{Top}高值带，这是由于在热带边缘附近地表温度较高、辐射较强，而大气环流的下沉运动会明显减少云层的阻碍作用，从而导致了局部 Γ_{Top}的值较大。相比之下，亚热带地区地表温度低、辐射弱，Γ_{Top}值较小；尽管热带地区地表温度高且辐射强，在大气上升运动的主导作用下，形成的云层阻碍辐射作用强，使其 Γ_{Top}值也较小。Hu 和 Fu（2007）取纬向平均 $\Gamma_{Top} \geqslant 250W/m^2$ 来刻画 Γ_{Top}高值带位置，需要注意的是，此时定义得到的热带边缘是呈纬向分布的条带状区域（Hu 和 Fu，2007）。考虑到热带气旋生成主要分布在其低纬度一侧，为探究热带气旋生

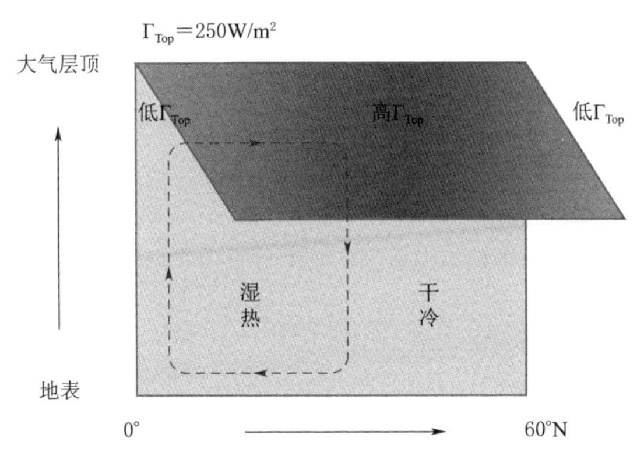

图 2.9 北半球热带环流示意图

成位置的极向移动与热带极向扩张的关联性，采用靠近低纬度一侧的 Γ_{Top} 高值带边界作为热带边缘的定义。

如图 2.10 所示，热带边缘呈极向移动趋势，热带气旋生成位置的极向移动长期变化时间序列与热带边缘对应纬度的时间序列具有较好的相关性。究其原因，热带边缘出现极向移动，为原本较为干冷的较高纬度地区带来了大量的潮湿上升气流，较高纬度地区海表温度和大气相对湿度上升，使得较高纬度地区更加有利于热带气旋生成，为热带气旋生成位置的极向移动提供了有利条件。研究指出，热带极向扩张与人类活动引起的温室气体排放增加和臭氧损耗有关（Seidel et al.，2008；司东 等，2010；Lucas et al.，2014）。

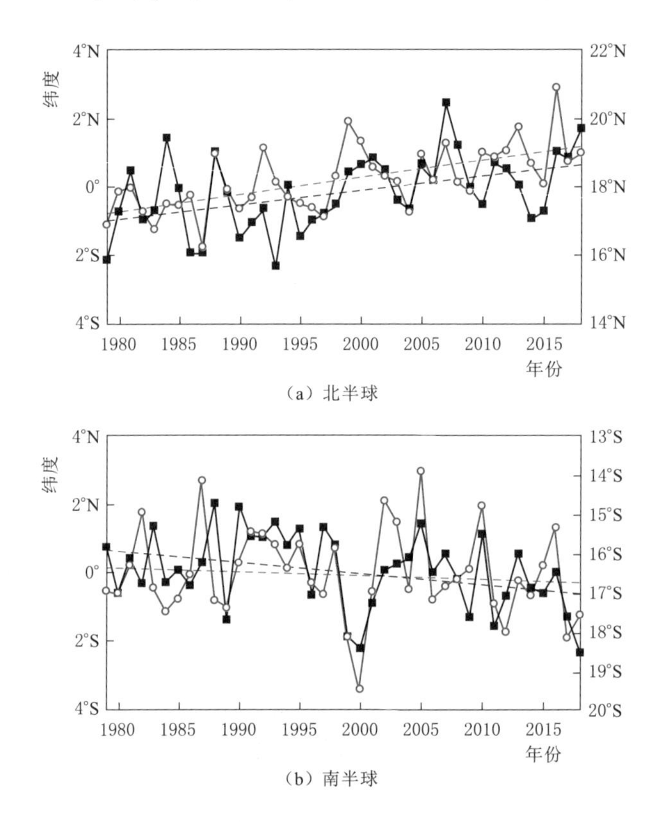

图 2.10　1979—2018 年期间热带气旋生成位置的极向移动长期变化时间序列（左轴，黑块）和向外长波辐射 $\Gamma_{Top}=250W/m^2$ 纬度序列（右轴，红圈）

热带气旋生成位置的极向移动与热带极向扩张的关联性可进一步通过热带气旋生成赤道侧边界的极向移动得到证实。赤道附近大气涡度较小，不利于对流活动发展，鲜有热带气旋生成，表明热带气旋生成存在赤道侧边界。图 2.11 给出 2 月和 8 月热带气旋生成位置和大气涡度空间分布，其中 2 月和 8 月分别对

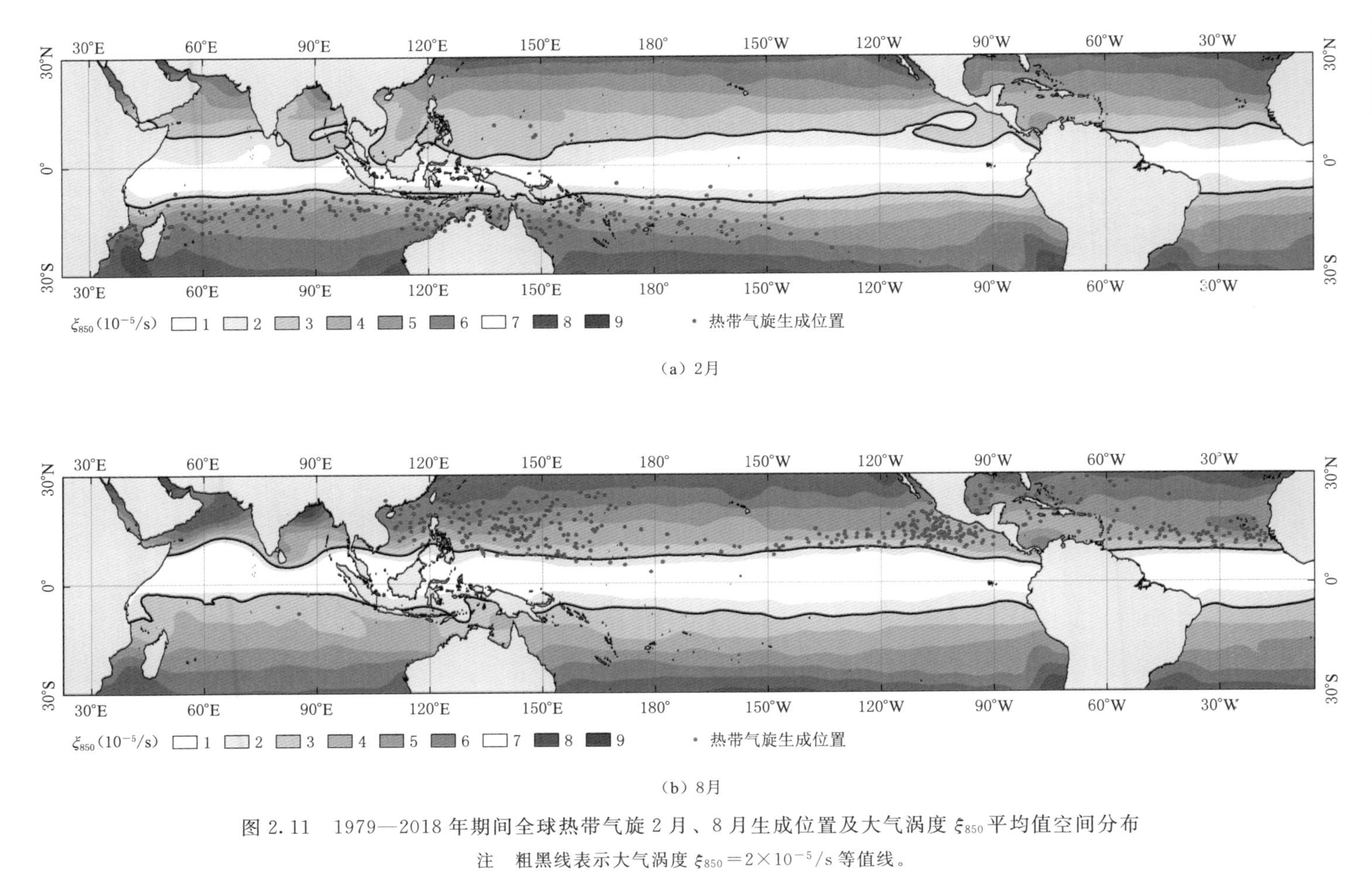

（a）2月

（b）8月

图 2.11　1979—2018 年期间全球热带气旋 2 月、8 月生成位置及大气涡度 ξ_{850} 平均值空间分布

注　粗黑线表示大气涡度 $\xi_{850}=2\times10^{-5}$/s 等值线。

应南半球和北半球热带气旋生成的峰值月份。大气涡度 $\xi_{850}=2\times10^{-5}/s$ 等值线的赤道一侧几乎没有热带气旋生成，这一大气涡度阈值能够近似刻画出全球范围内热带气旋生成位置的赤道侧边界。

将热带气旋生成位置的纬度 0.1 分位数，作为热带气旋生成赤道侧边界在统计意义上的边界，并将其与赤道附近 10°纬度带（北半球：0°～10°N；南半球：0°～10°S，0°～160°W）大气涡度值进行比较。其中，南半球选取的经度范围是考虑到 160°W 经线以东的海域几乎没有热带气旋生成。如图 2.12 所示，北半球和南半球热带气旋生成位置赤道侧边界呈极向移动趋势，同时赤道附近 10°纬度带大气涡度呈减小趋势，二者具有较好的相关性。研究表明，赤道附近 10°纬度带大气涡度减小由热带极向扩张引起（Mbengue 和 Schneider，2013；Lucas et al.，2014；Staten et al.，2018）。可以得出结论，由于热带气旋生成赤道侧边界主要取决于大气涡度，近几十年来在热带极向扩张影响下，赤道附近的大气涡度减小，不利于赤道附近热带气旋生成，从而使得热带气旋生成赤道侧边界极向移动。

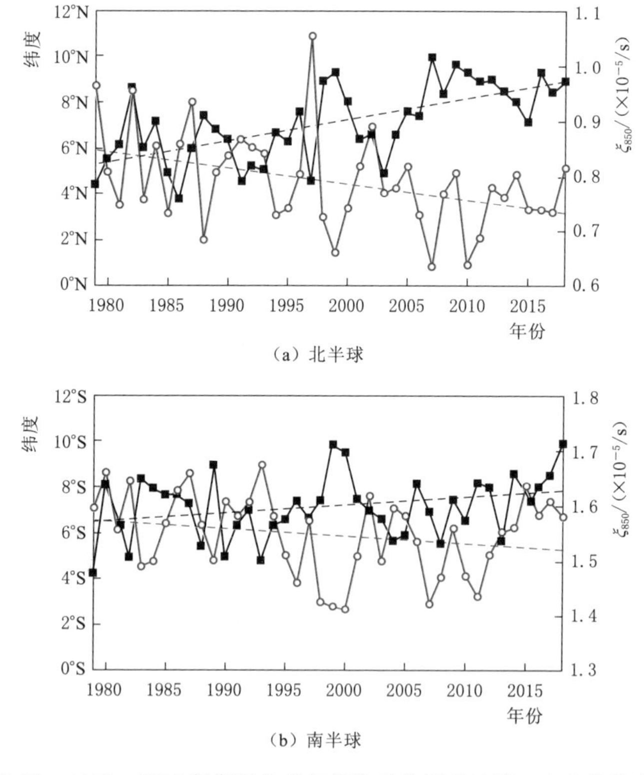

图 2.12　1979—2018 年期间热带气旋生成位置的纬度 0.1 分位数序列（左轴，黑块）和赤道附近 10°纬度带大气涡度 ξ_{850} 序列（右轴，红圈）

需要指出的是，由于定义指标和数据来源存在差异，各个研究中计算得到的热带极向扩张速率大小并不一致（Lucas et al.，2014；Staten et al.，2018）。尽管如此，目前研究普遍认为近几十年来北半球和南半球热带极向扩张趋势处于（0.3°～0.5°）/10a 范围内（Zhou et al.，2011；Allen et al.，2012；Lucas et al.，2012），这与本章提出的热带气旋生成位置极向移动长期趋势吻合。此外，全球气候模式预估结果表明，随着温室气体排放增加，未来热带地区将进一步向两极扩张（Arora et al.，2011；Watanabe et al.，2011；Voldoire et al.，2013；Amaya et al.，2018）。据此可以推测，未来热带气旋生成位置的极向移动趋势可能会持续。

2.5 小结

本章关注全球热带气旋生成位置的极向移动问题。考虑到物理机制的不同，从热带气旋极向移动趋势中分离出区域尺度热带气旋数量变化贡献，得到全球热带气旋生成位置极向移动的长期趋势，进一步揭示其与热带极向扩张之间的关联性，探究了不同强度等级热带气旋生成位置极向移动的不同趋势及其成因。主要结论如下：

（1）证实了近几十年来北半球和南半球热带气旋生成位置均出现显著的极向移动趋势，揭示了这一趋势中包含两个重要的部分：①与全球变暖直接相关的部分；②与海洋-大气耦合系统动力响应相关的部分。其中，海洋-大气耦合系统动力响应相关的部分受到区域典型气候模态的显著影响，是区域尺度气候变化的重要方面，这一响应在研究中的具体表现为区域尺度热带气旋数量变化，并在北半球极向移动趋势中具有显著的影响。具体而言，北大西洋海域热带气旋生成频率增加且纬度较高，西北太平洋海域热带气旋生成频率减小且纬度较低，导致北半球热带气旋生成位置的极向移动趋势略大于南半球。分离这一贡献后，北半球和南半球热带气旋生成位置的极向移动长期趋势显著，二者更加接近。

（2）全球热带气旋生成位置极向移动的长期趋势与热带极向扩张之间具有关联性，这一现象的物理解释为：近几十年来随着全球变暖，热带地区向两极扩张，引起较高纬度地区海表温度和大气相对湿度增加，且赤道附近大气涡度减小，导致较高纬度地区热带气旋生成增加及较低纬度地区热带气旋生成减少，从而使热带气旋生成位置整体呈现出显著的极向移动趋势。

（3）不同强度等级热带气旋生成位置的极向移动趋势不同，分离区域尺度数量变化的贡献后，北半球和南半球极向移动长期趋势随强度变化的规律具有一致性。超强台风和热带风暴的生成位置具有显著的极向移动长期趋势，弱台风则无显著趋势。

第3章 区域尺度热带气旋生成频数时空演变规律

区域尺度热带气旋数量往往呈现出明显的震荡变化，时间尺度为多年或几十年。这是因为随着空间尺度的减小，与全球变暖的影响相比，气候系统内部变率对海洋-大气耦合系统状态的相对影响贡献增加，从而显著影响热带气旋生成频数。气候系统内部变率的时间尺度为多年或几十年，并且具有显著的区域差异性，这为揭示区域尺度热带气旋数量在统计意义上的显著性变化带来了巨大的不确定性。目前，学术界对于区域尺度热带气旋数量变化的时序特征、空间分布特征和季节分布特征认识依然较为局限，气候变化的影响作用仍然有待探究。

本章选取位于北半球的西北太平洋海域和位于南半球的南太平洋海域作为研究区域，分析区域尺度热带气旋生成的时空变化特征，揭示气候系统内部变率的影响作用，并且考虑到超强台风具有极强的破坏力，对其演变规律的特殊性予以关注。通过对这些问题的探究，可以系统认识气候变化对区域尺度热带气旋生成时空变化特征的影响及物理机制，为研究未来热带气旋数量变化特征提供支撑。

3.1 数据与方法

本章采用的热带气旋数据来源与第2章保持一致，选取1979—2018年期间的西北太平洋和南太平洋海域热带气旋数据。海表温度数据来源于美国国家海洋大气局NOAA（National Oceanic and Atmospheric Administration）的扩展重建海表温度资料，水平分辨率为2.0°×2.0°（Huang et al.，2015）。大气相对湿度、风场、相对涡度资料来源于NCEP/NCAR再分析资料，水平分辨率为2.5°×2.5°，垂向为17层（Kalnay et al.，1996）。

本章采用滑动T检验法对热带气旋生成频数的年代际突变进行检验分析。滑动T检验法，其原理是用统计量t表征整体样本的两个相邻样本子集平均值的差异显著性，假定待检验样本变量独立且服从正态分布，则统计量 t 服从 T 分布（Afifi 和 Azen，1972）。滑动 T 检验法已经广泛应用于气候研究中的年代际均值突变的定量检验（符淙斌 等，1992；肖栋 等，2007）。以 1979—2018 期间热带气旋生成频数时间序列为例，具体检验步骤如下：

（1）将 1979—2018 期间每年热带气旋生成频数时间序列 x 视作长度 $L=40$ 的样本集合。

（2）将某一年的前 n 年和后 n 年作为两个样本子集 x_1 和 x_2，两样本子集保持间隔一个样本，其中 n 为滑动 T 检验法所考察的时间尺度参数。

（3）采用 μ_i 和 s_i 分别表示 x_i 的平均值和标准差，$i=1$ 或 2。

（4）检验两个样本子集 x_1 和 x_2 均值的显著性差异，原假设为：$\mu_1-\mu_2=0$，定义该年份统计量 $t=(\mu_1-\mu_2)/[s_p(2/n)^{1/2}]$，其中，$s_p$ 为联合样本标准差，表达式为 $s_p=\sqrt{(s_1^2+s_2^2)/2}$。

（5）上述步骤（2）要求该年份到左端点（1979 年）和右端点（2018 年）的长度均大于等于 n，对符合条件的年份逐个计算对应的统计量 t，得到统计量序列。

统计量 t 服从自由度为（$2n-2$）的 T 分布。给定显著性水平 α，气候研究中通常取 $\alpha=0.1$ 或更小值，对应的置信水平为（$1-\alpha$），即 90%或更高值（Liu 和 Chan，2013）。根据自由度和显著性水平 α 得到临界值 t_α，当 $|t|\geq t_\alpha$，否定原假设 $\mu_1-\mu_2=0$，即两个时间段热带气旋生成频数的均值存在显著性差异；当 $|t|<t_\alpha$，接受原假设 $\mu_1-\mu_2=0$，均值差异不显著。其中，在 $|t|\geq t_\alpha$ 对应的年份中，统计量 t 的极大值和极小值所对应的年份为突变点（Abrupt Change Point），分别表示该年份后一个时间段相比前一个时间段的热带气旋生成频数的均值之差达到最小和最大。通常将极值点与端点，或两个极值点之间的时间段视为气候状态维持时间。通过滑动 T 检验法，样本序列中远小于时间尺度 n 的高频振荡被滤除，得到的气候状态维持时间与时间尺度 n 大致相当。一般而言，时间尺度 n 的取值应略小于年代际尺度（15～35 年）的下限，取 n 为 10 年。滑动 T 检验法的优势在于使用简便，参数少，仅需设定时间尺度 n。不过滑动 T 检验法包含了样本服从正态分布的假定，样本序列较短情况下，该假定并非严格成立，使用时需要注意这一问题。

本章采用滑动 T 检验法对热带气旋生成频数进行初步检验，并联合使用更为精确的贝叶斯突变检验法进行分析。贝叶斯突变检验法依据贝叶斯原理进行推断，能够给出突变点可能发生位置的概率分布，最初广泛应用于制造业质量控制、计算机和金融领域，Epstein（1985）首次将这一方法应用到气象问题研究。贝叶斯突变检验法的优势是对热带气旋生成频数样本分布的假设合理，能够定量得到突变点的位置和概率。不过该方法需先验信息来设定参数，应与其他方法联合使用以获得先验信息。

有学者将每年热带气旋生成频数作为泊松过程，提出了针对热带气旋生成频数的三层贝叶斯突变检验方法（Chu 和 Zhao，2004；Tu et al.，2009；Zhao 和 Chu，2010；Chu 和 Zhao，2011）。包括数据、假设和参数三个层次。

1. 数据

泊松分布适用于描述单位时间内随机事件发生的次数，假定每年热带气旋生成频数序列服从泊松分布，具体表示为对于给定泊松分布强度参量 $\lambda>0$，T 年发生 h 个热带气旋的概率为

$$P(h|\lambda,T)=\exp(-\lambda T)\frac{(\lambda T)^h}{h!} \tag{3.1}$$

其中，$h=0$，1，2…；$T>0$；泊松分布的期望和方差都等于 λT。

研究已经证明，对于热带气旋生成频数的泊松分布来说，其强度参量 λ 不是常量（Elsner et al.，2000），一般认为强度参量 λ 是服从伽马分布的随机变量（Epstein，1985），其表达式为

$$f(\lambda|h',T')=\frac{T'^{h'}\lambda^{h'-1}}{\Gamma(h')}\exp(-\lambda T') \tag{3.2}$$

其中，$\lambda>0$；伽马分布两个参量，分别记为 h' 和 T'，分别有 $h'>0$、$T'>0$，h' 和 T' 的值作为先验信息给出；伽马函数表达式为 $\Gamma(h')=\int_0^\infty t^{h'-1}\exp(-t)\,\mathrm{d}t$。

将分布函数（3.2）代入式（3.1）后整理得到：

$$\begin{aligned}P(h|h',T',T)&=\int_0^\infty P(h|\lambda,T)f(\lambda|h',T')\,\mathrm{d}\lambda\\&=\frac{\Gamma(h+h')}{\Gamma(h')h!}\left(\frac{T'}{T+T'}\right)^{h'}\left(\frac{T}{T+T'}\right)^{h}\end{aligned} \tag{3.3}$$

其中，$h=0$，1，2…；$T>0$。

2. 假设

贝叶斯突变检验包含假设 H_0 和假设 H_1 两个假设。假设 H_0 表示热带气旋生成频数 h_i 均服从同一泊松分布，强度参量 λ 无突变点。假设 H_0 的数学表达为 $h_i\sim\mathrm{Poisson}(h_i|\lambda,\ T)$，$i=1\cdots n$。其中强度参量 λ 服从伽马分布，即有 $\lambda\sim\mathrm{Gamma}(h',\ T')$，$h'$ 和 T' 作为先验信息给定。对于相互独立的随机变量构成的观测序列 $\boldsymbol{h}=[h_1\cdots h_n]$，其联合概率可表示为

$$P(\boldsymbol{h}|\mathrm{H}_0)=\prod_{i=1}^{n}\frac{\Gamma(h_i+h')}{\Gamma(h')h_i!}\left(\frac{T'}{1+T'}\right)^{h'}\left(\frac{1}{1+T'}\right)^{h_i} \tag{3.4}$$

由贝叶斯定理，得到假设 H_0 后验概率为

$$P(\mathrm{H}_0|\boldsymbol{h})=\frac{P(\boldsymbol{h}|\mathrm{H}_0)P(\mathrm{H}_0)}{\sum_{i=0}^{1}P(\boldsymbol{h}|\mathrm{H}_i)P(\mathrm{H}_i)}=\frac{P(\boldsymbol{h}|\mathrm{H}_0)}{P(\boldsymbol{h}|\mathrm{H}_0)+P(\boldsymbol{h}|\mathrm{H}_1)} \tag{3.5}$$

假设 H_1 表示有且仅有某一间断点 τ，以 τ 为界，热带气旋生成频数 h_i 前后2个样本子集服从不同的泊松分布。假设 H_1 的数学表达为

$$\begin{cases} h_i \sim \text{Poisson}(h_i \mid \lambda_1, T), & i=1\cdots\tau-1 \\ h_i \sim \text{Poisson}(h_i \mid \lambda_2, T), & i=\tau\cdots n \end{cases}$$

其中，$\tau=2\cdots n$，前后两个样本子集对应的泊松分布的强度参量分别记为 λ_1 和 λ_2。λ_1 和 λ_2 服从伽马分布，即有 $\lambda_1 \sim \text{Gamma}(h'_1, T'_1)$ 和 $\lambda_2 \sim \text{Gamma}(h'_2, T'_2)$，$h'_1$、$T'_1$、$h'_2$ 和 T'_2 作为先验信息给定。

假设 H_1 条件下，对于给定间断点 τ，第 i 年生成 h_i 个热带气旋的概率为

$$P(h_i \mid h'_1, T'_1, h'_2, T'_2, \tau, H_1) = \begin{cases} \dfrac{\Gamma(h_i+h'_1)}{\Gamma(h'_1)h_i!}\left(\dfrac{T'_1}{1+T'_1}\right)^{h'_1}\left(\dfrac{1}{1+T'_1}\right)^{h_i}, & i=1\cdots\tau-1 \\ \dfrac{\Gamma(h_i+h'_2)}{\Gamma(h'_2)h_i!}\left(\dfrac{T'_2}{1+T'_2}\right)^{h'_2}\left(\dfrac{1}{1+T'_2}\right)^{h_i}, & i=\tau\cdots n \end{cases} \tag{3.6}$$

观测序列 $\boldsymbol{h}=[h_1\cdots h_n]$的样本相互独立，其联合概率可表示为

$$P(\boldsymbol{h} \mid \tau, H_1) = \prod_{i=1}^{n} P(h_i \mid \tau, H_1) \tag{3.7}$$

由贝叶斯定理，得到假设 H_1 后验概率为

$$P(H_1 \mid \boldsymbol{h}) = \frac{P(\boldsymbol{h} \mid H_1)P(H_1)}{\sum_{i=0}^{1} P(\boldsymbol{h} \mid H_i)P(H_i)} = \frac{P(\boldsymbol{h} \mid H_1)}{P(\boldsymbol{h} \mid H_0) + P(\boldsymbol{h} \mid H_1)} \tag{3.8}$$

$P(\boldsymbol{h} \mid H_1)$可展开为

$$P(\boldsymbol{h} \mid H_1) = \sum_{\tau=2}^{n} P(\boldsymbol{h} \mid \tau, H_1)P(\tau \mid H_1) = \frac{\sum_{\tau=2}^{n} P(\boldsymbol{h} \mid \tau, H_1)}{n-1} \tag{3.9}$$

其中，间断点的先验概率为均匀分布，即 $P(\tau \mid H_1)=1/(n-1)$。

3. 参数

贝叶斯突变检验法需要依据一定的先验信息，给定参数 h'_1、T'_1、h'_2 和 T'_2，以及 h'和 T'。计算过程中，根据滑动 T 检验法确定突变点的数量及其可能出现的位置，得出 1979—2018 年期间西北太平洋和南太平洋海域的热带气旋生成频数两个序列的突变点均为 1 个，位于在 20 世纪末附近。

本章选取由滑动 T 检验法得到的气候状态维持时间的中间 10 年来表征对应的气候平均状态，即 1985—1994 年和 2005—2014 年，对先验参数进行估算，估算办法与 Chu 和 Zhao（2004）、Zhao 和 Chu（2010）保持一致。假设 H_0 的先验参数计算如下：$T'=5$；$h'=T'\overline{h}$，其中 $\overline{h}$ 取 1985—1994 年和 2005—2014 年期间热带气旋生成频数平均值，西北太平洋海域为 25.2，南太平洋海域为 9.5。

假设 H_1 的先验参数计算如下：$T'_1=T'_2=5$；$h'_1=T'_1\overline{h}_1$，$h'_2=T'_2\overline{h}_2$。$\overline{h}_1$ 和 $\overline{h}_2$ 分别取1985—1994年和2005—2014年期间热带气旋生成频数平均值，西北太平洋海域为26.8和23.6，南太平洋海域为10.7和8.3。

为判定本次贝叶斯分析中哪一假设成立，计算贝叶斯因子 B，比较假设 H_0 和假设 H_1 概率大小。贝叶斯因子计算公式如下：

$$B=\left[\frac{P(H_1\mid \boldsymbol{h})}{P(H_0\mid \boldsymbol{h})}\right]\Big/\left[\frac{P(H_1)}{P(H_0)}\right]=\frac{P(\boldsymbol{h}\mid H_1)}{P(\boldsymbol{h}\mid H_0)} \tag{3.10}$$

此处，对两个假设不作预设，因此有 $P(H_0)=P(H_1)=1/2$，可直接约掉。

变化显著性采取拉夫特里等级（Raftery，1996）进行判定，当贝叶斯因子度量指标 $2\ln B$ 处于（0，2）区间时，认为突变不显著；当 $2\ln B$ 处于［2，6）区间时，认为突变显著；当 $2\ln B$ 处于［6，10）区间时，认为突变强烈。本章仅考虑突变结果显著或强烈的情况，此时假设 H_1 成立。

当判定假设 H_1 成立时，计算突变点的后验概率分布（Posterior Probability Mass Function，Posterior PMF），计算公式如下：

$$P(\tau\mid \boldsymbol{h},H_1)=\frac{P(\boldsymbol{h}\mid \tau,H_1)\,P(\tau\mid H_1)}{\sum\limits_{\tau=2}^{n}P(\boldsymbol{h}\mid \tau,H_1)\,P(\tau\mid H_1)}=\frac{P(\boldsymbol{h}\mid \tau,H_1)}{\sum\limits_{\tau=2}^{n}P(\boldsymbol{h}\mid \tau,H_1)} \tag{3.11}$$

其中，对突变点出现的位置不作预设，有 $P(\tau\mid H_1)=1/(n-1)$，可直接约掉。

大尺度环境因子序列变化显著性分析采用滑动T检验法和曼-肯德尔（Mann-Kendall）检验法。曼-肯德尔检验法是一种被广泛采用的简单统计方法，其本质基于排序的非参数（Nonparametric Rank-Based）检验方法（Mann，1945；Kendall，1975）。曼-肯德尔突变检验法的特点是对样本进行排序，因此只需 $x=[x_1\cdots x_n]$ 独立且同分布，无需再对其分布进行假定。以1979—2018年期间大气涡度年平均值序列为例，具体步骤如下：

（1）将1979—2018年期间大气涡度序列 x 视作长度 $L=40$ 的样本集合。

（2）计算序列 x 的排序序列，$r_i=1$，$x_i>x_j$ 或 $r_i=0$，$x_i\leqslant x_j$，$j=1\cdots i$；得到秩序列 $S_k=\sum r_i$，$i=1\cdots k$，表示 x_i 大于之前时刻值的累计量，S_k 近似服从高斯分布。

（3）标准化 S_k，得到统计量序列 $UF_k=[S_k-E(S_k)]/\sqrt{\mathrm{Var}(S_k)}$，$k=1\cdots n$。

统计量 UF_k 服从自由度为 n 的标准正态分布。给定显著性水平 α，通常取 $\alpha=0.1$，查表得到临界值 UF_α。当 $UF_k>UF_\alpha$ 时，该序列上升趋势显著；当 $UF_k<-UF_\alpha$ 时，该序列下降趋势显著；当 $|UF_k|\leqslant UF_\alpha$ 时，该序列无显著趋势。

3.2 热带气旋生成频数的时空变化特征

本节基于热带气旋观测资料，分别对西北太平洋和南太平洋海域热带气旋生成频数的时间变化特征、空间变化特征和季节变化特征进行分析，并给出显著性检验。

1. 热带气旋生成频数的时间变化特征

如图 3.1（a）和（b）所示，西北太平洋海域热带气旋生成最多的年份为 1994 年（32 个），最少的年份为 2010 年（16 个）。南太平洋海域热带气旋生成最多的年份为 1998 年（22 个），最少的年份为 2012 年（4 个）。从年代际尺度看，西北太平洋和南太平洋海域热带气旋生成频数在 20 世纪末开始减少（Shan 和 Yu，2020b）。

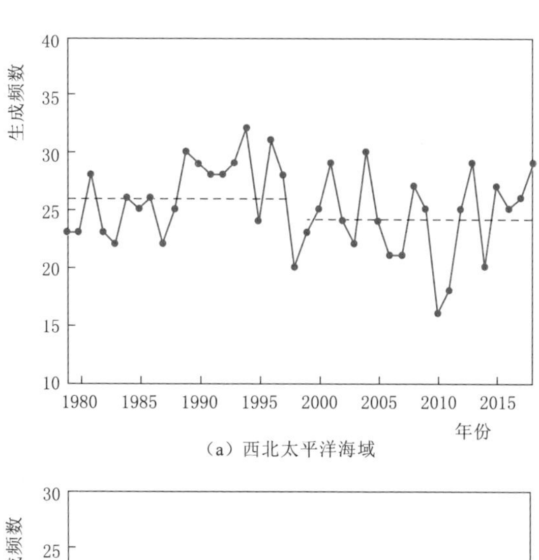

（a）西北太平洋海域

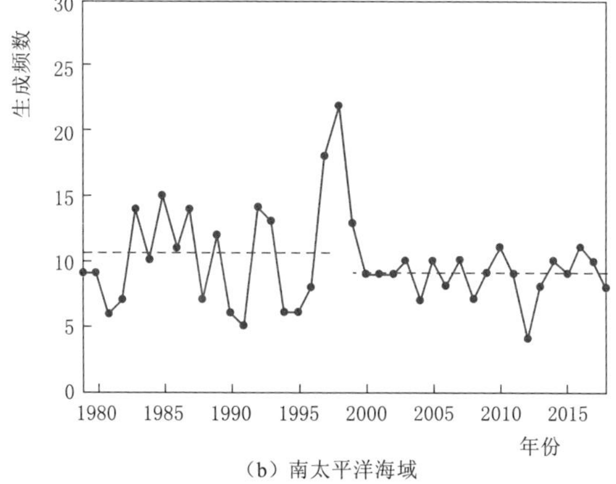

（b）南太平洋海域

图 3.1　1979—2018 年期间热带气旋生成频数序列

如图 3.2 所示，基于滑动 T 检验法，得到西北太平洋和南太平洋海域热带气旋生成频数在 20 世纪末均出现了显著的突减现象，置信水平达到 90%。进一步，采用贝叶斯突变检测方法，以确认西北太平洋和南太平洋海域的热带气旋生成频数的年代际突变的显著性，并得到突变点的最大可能位置。结果表明，西北太平洋和南太平洋海域热带气旋生成频数序列的贝叶斯因子度量指标 $2\ln B$ 分别为 4.7 和 6.6。采用拉夫特里等级（Raftery，1996）进行判定，西北太平洋海域热带气旋生成频数出现显著突变，南太平洋海域热带气旋生成频数出现强烈突变。图 3.3 为突变点的后验概率分布函数（Posterior PMF），两海域对应的函数极大值均位于 1998 年。根据贝叶斯突变检测法，西北太平洋和南太平洋海域热带气旋生成频数年代际突变在统计意义上是显著的，且突变点均位于 1998 年。通常认为，北半球和南半球热带气旋特性差异较大而难有共性规律（Manu，2011），本节提出的西北太平洋和南太平洋海域热带气旋生成频数同时出现年代际突变现象打破了这一常规认识。

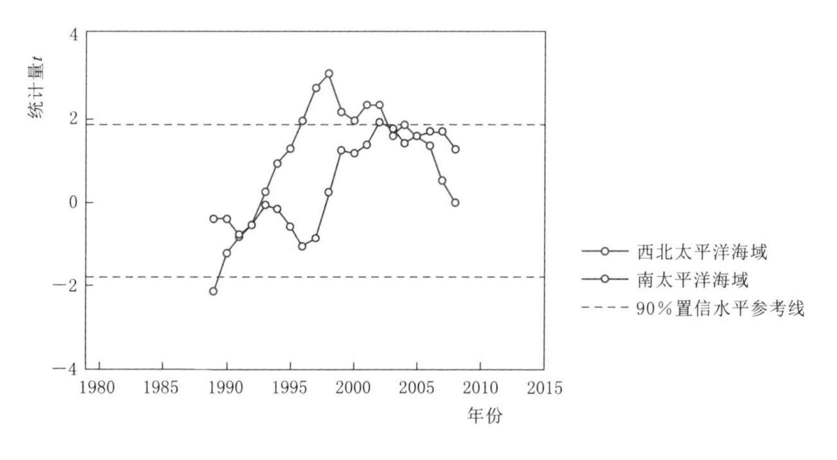

图 3.2　热带气旋生成频数的统计量 t 序列

依据突变点所在位置，将研究时段划分为两个阶段，第一阶段为 1979—1998 年，第二阶段为 1999—2018 年，时长均为 20 年，重点讨论两个阶段之间热带气旋生成的变化特征。从第一阶段到第二阶段，西北太平洋海域热带气旋平均生成频数从 26 减少为 24，南太平洋海域热带气旋平均生成频数从 11 减少为 9。两阶段相比，西北太平洋海域热带气旋减少 36 个，减少比例为 7%；南太平洋海域热带气旋减少 31 个，减少比例为 17%。两海域热带气旋数量和比例的减少幅度较大。

2. 热带气旋生成频数的空间变化特征

图 3.4 给出两海域热带气旋生成频数密度分布，以及第一阶段和第二阶段

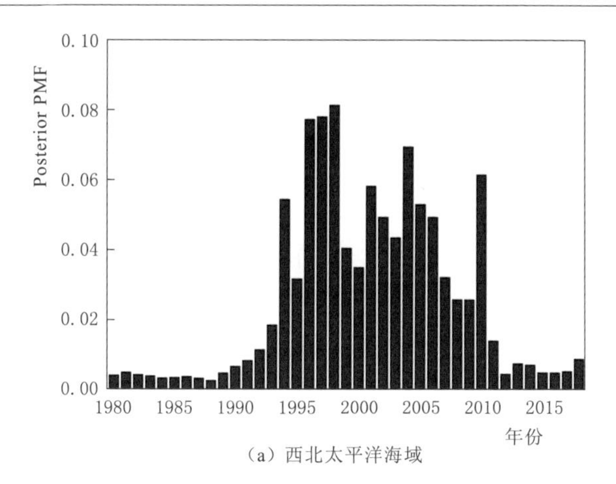

（a）西北太平洋海域

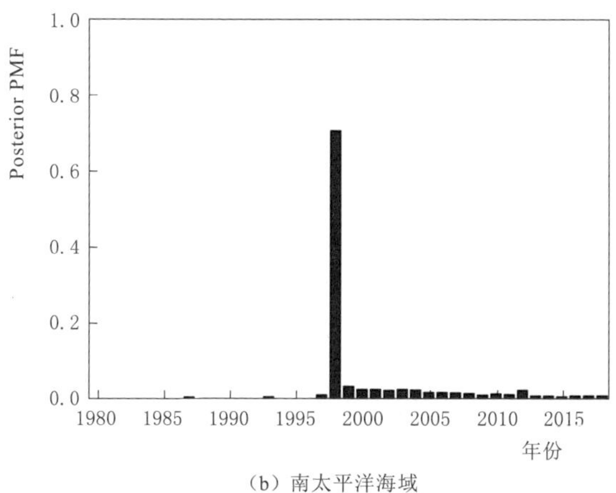

（b）南太平洋海域

图 3.3 热带气旋生成频数突变点的后验概率分布函数 Posterior PMF

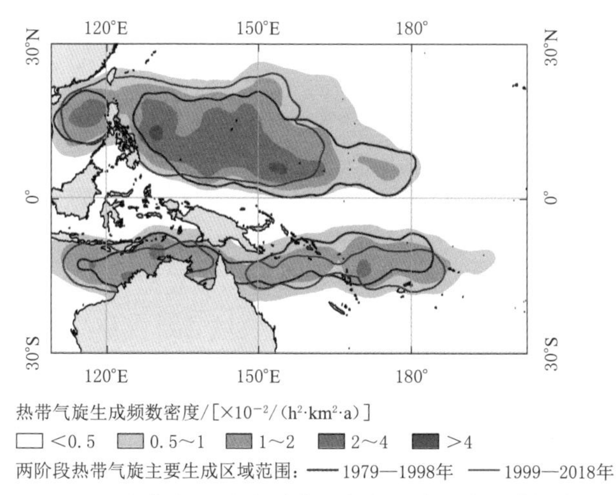

图 3.4 1979—2018 年期间西北太平洋和南太平洋海域热带气旋生成频数密度

对应的热带气旋主要生成区域范围。将热带气旋主要生成区域定义为生成频数密度大于等于 0.01/(h^2 • km^2 • a) 的区域。可以看到，第二阶段（1999—2018年）相比于第一阶段（1979—1998 年）西北太平洋海域热带气旋主要生成区域范围明显减小，特别是东侧边界从 180°E 处移动至 165°E 附近；南太平洋海域热带气旋主要生成区域呈狭窄的带状分布，其赤道侧边界从 7.5°S 南移至 10°S 附近。图 3.5 给出两阶段之间热带气旋生成频数密度差，西北太平洋和南太平洋海域热带气旋生成频数密度减小区域集中分布于低纬度地区，180°经线以西的 20°～30°经度范围内。此外，西北太平洋海域热带气旋生成频数密度在菲律宾群岛的东侧海域（10°～20°N，120°～150°E）局部增加，而这并没有改变西北太平洋海域热带气旋生成频数整体呈显著的突减现象。

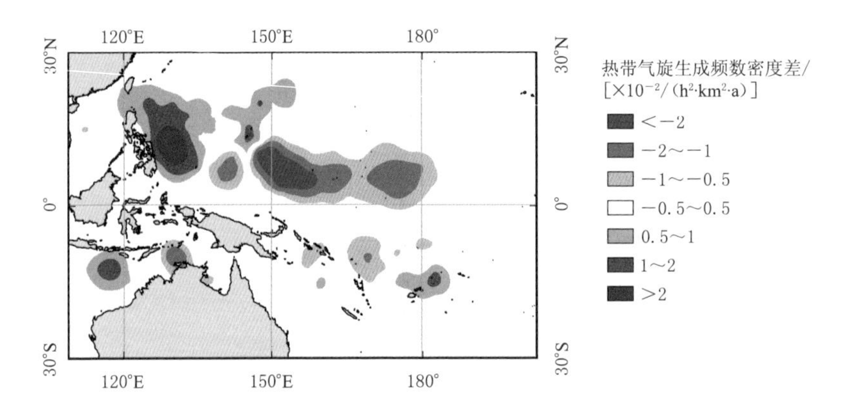

图 3.5 1979—2018 年期间西北太平洋和南太平洋海域热带气旋生成频数密度差

基于以上认识，定义西北太平洋海域 0°～12.5°N、150°～180°E，以及南太平洋海域的 0°～12.5°S、160°～180°E，为关键区域范围，是两海域热带气旋生成数量减少的主要区域。计算结果表明，从第一阶段（1979—1998 年）到第二阶段（1999—2018 年），西北太平洋海域关键区域范围内的热带气旋生成频数从 8.85 减少为 3.2，减少比例为 64%；南太平洋海域关键区域范围内的热带气旋生成频数从 2.6 减少为 1.15，减少比例为 56%。关键区域内热带气旋生成频数的显著减少，是两海域热带气旋生成频数减少的主要原因。

需要指出的是，本节得到的西北太平洋海域热带气旋生成频数年代际变化的空间分布特征与前人研究结果不同。He et al.（2015）和 Zhao et al.（2018b）研究认为，西北太平洋海域热带气旋生成频数减少区域主要分布在 20°N 以南和 150°E 以西海域，而热带气旋生成频数变化在 150°E 以东海域（包含关键区域）不显著。这一差异主要是研究对象不同造成的，本节对西北太平洋海域热带气旋进行了全样本分析，而 He et al.（2015）和 Zhao et al.（2018b）研究只考虑了尖峰季节（通常指 7—9 月）生成的热带气旋。事实上，尽管热带气旋生成具有显著的季节分布特征，而不同季节的热带气旋的变化特征和影响因子不同，在尖峰季节生成的热带气旋频数变化无法反映整体热带气旋的年代际变化特征。

3. 热带气旋生成频数的季节变化特征

图 3.6 给出两海域热带气旋生成数量的逐月分布，坐标轴位于左侧。结果表明，55%的西北太平洋海域热带气旋生成于 7—9 月，70%的南太平洋海域热带气旋生成于 1—3 月，通常将 7—9 月、1—3 月作为西北太平洋海域和南太平洋海域热带气旋生成的尖峰季节（Peak Season）。热带气旋生成数量在尖峰季节并无明显减少。其中，西北太平洋海域热带气旋生成在尖峰季节的减少量对全年贡献只有 36%，南太平洋海域尖峰季节的减少量对全年贡献只有 52%，远低于其热带气旋生成数量对全年贡献。尤其是西北太平洋海域 7 月和南太平洋海

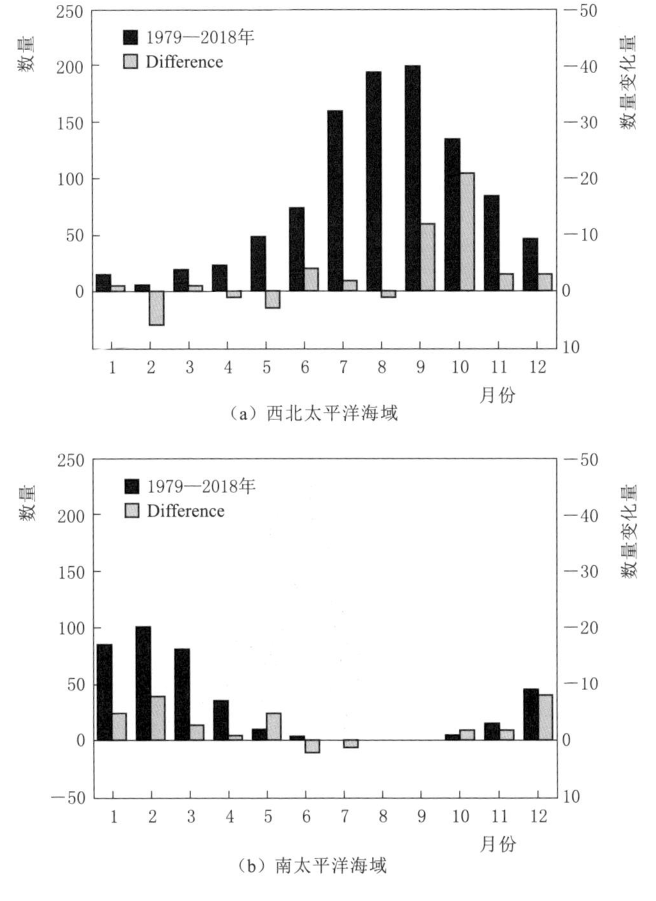

（a）西北太平洋海域

（b）南太平洋海域

图 3.6 1979—2018 年期间热带气旋数量（左轴）及数量变化（右轴）的逐月分布

域1月，热带气旋生成数量几乎没有减少。相比之下，西北太平洋海域热带气旋生成数量减少在其峰后季节（Post－peak Season）10—12月较为明显，且在邻近尖峰季节的10月最集中；南太平洋海域热带气旋生成数量减少则在其峰前季节（Pre－peak Season）10—12月较为明显，且在邻近尖峰季节的12月最集中。基于上述认识，定义10—12月为关键季节，是两海域热带气旋生成减少的主要季节，分别对应西北太平洋海域峰后季节和南太平洋海域峰前季节。

为检验关键季节10—12月热带气旋数量减少的显著性，针对西北太平洋和南太平洋海域热带气旋生成频数序列，联合使用滑动T检验法和贝叶斯突变检验法。如图3.7所示，结果表明两海域关键季节热带气旋生成频数均出现了显

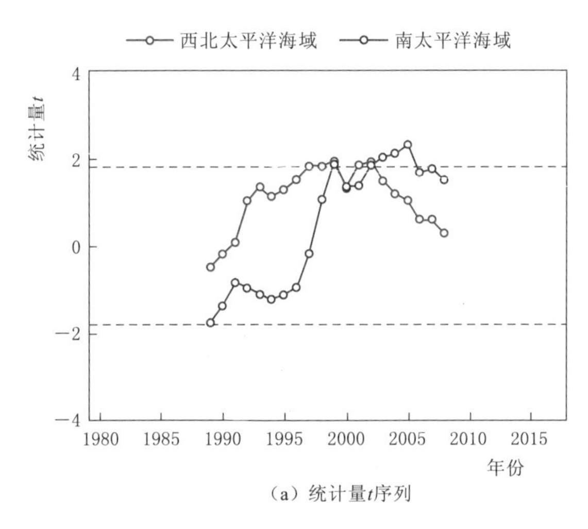

（a）统计量t序列

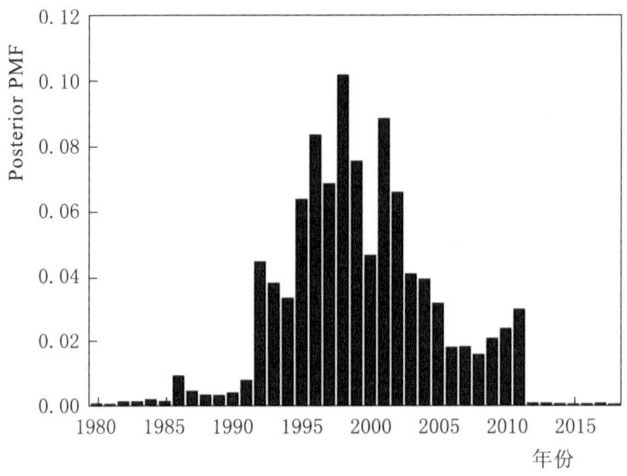

（b）西北太平洋海域突变点的后验概率分布函数Posterior PMF

图3.7（一）　1979—2018年期间关键季节10—12月热带气旋生成频数统计量t序列及突变点的后验概率分布函数Posterior PMF

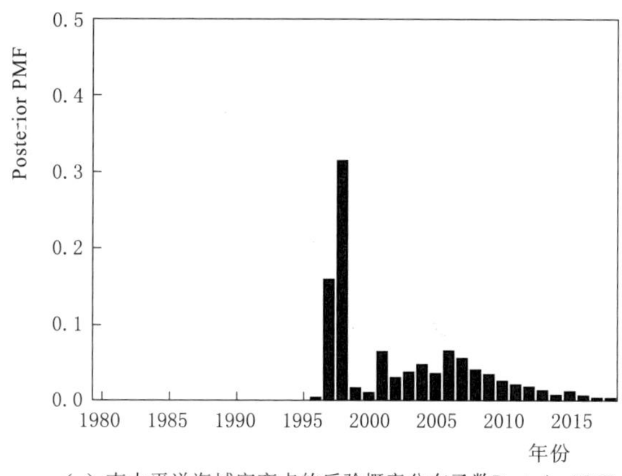

（c）南太平洋海域突变点的后验概率分布函数Posterior PMF

图 3.7（二） 1979—2018 年期间关键季节 10—12 月热带气旋生成频数统计量 t 序列及突变点的后验概率分布函数 Posterior PMF

著的突减现象，且突变点位于 1998 年，并且两海域尖峰季节热带气旋生成频数变化不显著。上述研究结果证实了热带气旋季节分布特征的重要性，需要指出的是，前人研究通常只考虑尖峰季节生成的热带气旋（He et al.，2015；Zhao et al.，2018b），并未考虑热带气旋生成在不同季节的不同变化特征，具有一定局限性。

图 3.8 给出两海域关键区域热带气旋生成数量逐月分布，坐标轴位于左侧。将其与图 3.6 给出的整体海域热带气旋生成数量逐月分布结果进行对比，可以发现西北太平洋和南太平海域关键区域热带气旋生成更加集中于关键季节 10—12 月。图 3.8 同样给出第二阶段（1999—2018 年）相比第一阶段（1979—1998 年）关键区域热带气旋生成数量逐月变化，坐标轴位于右侧；结果表明，关键区域热带气旋生成数量在关键季节明显减少，其分布特征与该区域热带气旋生成数量逐月分布一致。上述结果进一步证实，关键区域热带气旋生成频数减少是西北太平洋和南太平海域热带气旋生成频数减少的主要原因。

整体而言，西北太平洋和南太平洋海域热带气旋生成频数变化具有诸多一致性特征，两海域热带气旋生成频数均出现了显著的突减现象，突变点位于 1998 年。从空间分布来看，两海域热带气旋生成频数减少主要集中于低纬度 180°经线以西海域。从季节分布来看，两海域热带气旋生成减少主要集中于 10—12 月。因此，有理由推测两海域热带气旋生成频数变化可能由同一因素导致，具体物理机制的探究在第 3.3 节给出。

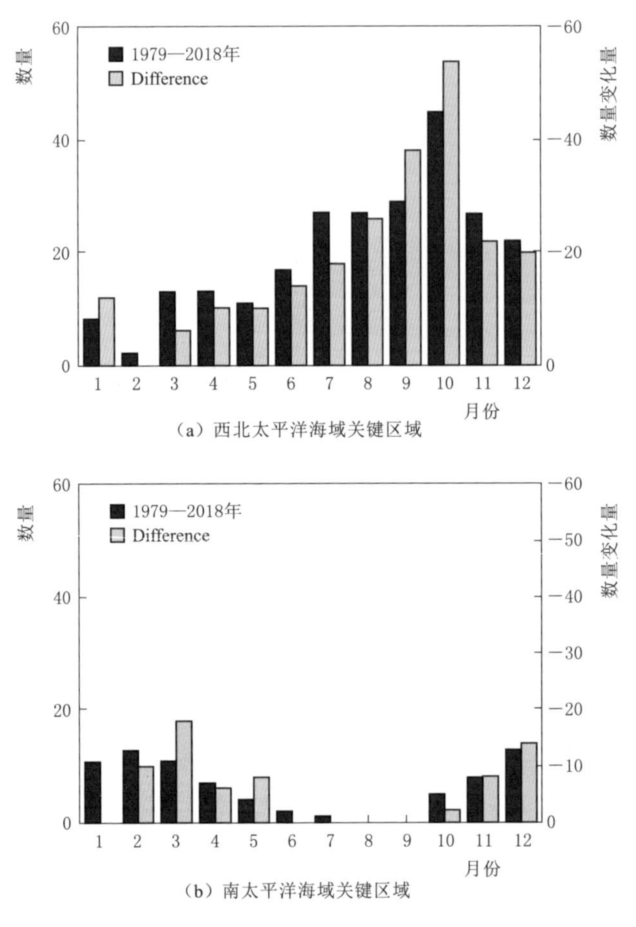

图 3.8 1979—2018 年期间关键区域热带气旋数量（左轴）及数量变化（右轴）的逐月分布

3.3 气候系统内部变率对热带气旋生成频数的影响

本节对引起西北太平洋和南太平洋海域热带气旋生成频数突减的大尺度环境因子作用进行分析。与前文保持一致，本节将研究时间分为两个阶段，分别为第一阶段（1979—1998 年）和第二阶段（1999—2018 年），计算大尺度环境因子年代际变化的空间分布特征。

如图 3.9 所示，第二阶段相比第一阶段太平洋地区海表温度普遍升高，而赤道太平洋中东部海域海表温度增幅相对较小甚至有所减小，出现“冷舌”现象，海表温度呈类拉尼娜（La Niña-like）分布，据此可以判断，第二阶段以来赤道太平洋地区海表温度模态处于冷相位。Wang et al.（2013a）首先提出了赤道太平洋地区海表温度模态的概念，当海表温度模态处于暖相位时，海表温度呈类厄尔尼诺（El Niño-like）分布，这一分布特征类似厄尔尼诺（El Niño）现象对应的海表温度分布特征，表现为赤道太平洋中东部海域的海表温度异常增温；当海表温度模态处于冷相位时，海表温度呈类拉尼娜分布，这一分布特征类似于拉尼娜（La Niña）现象对应的海表温度分布特征，表现为赤道太平洋中东部海域的海表温度异常降温。学者指出，赤道太平洋地区海表温度模态是区域尺度气候系统的典型响应，能够对西北太平洋海域的海洋-大气环流特征产生显著影响，赤道太平洋地区海表温度模态的最近一次相位变化发生于20世纪末，目前处于冷相位（Wang et al.，2013a，2013b，2013c；He et al.，2015；Hu et al.，2018）。

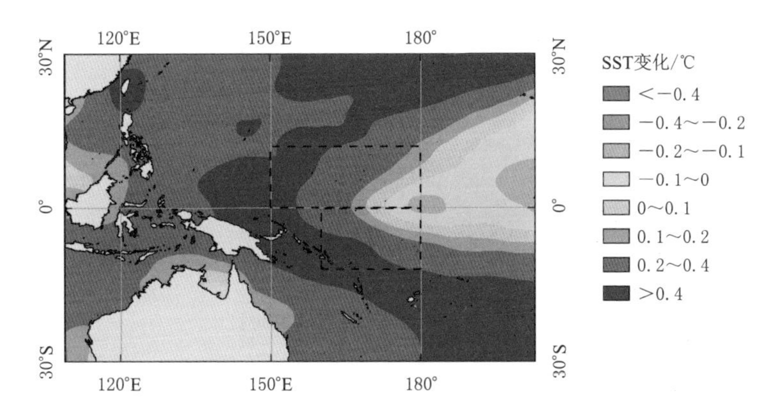

图3.9 1999—2018年与1979—1998年太平洋地区海表温度SST的差场
（虚线框表示关键区域范围）

图3.10给出第二阶段相比第一阶段的大气相对湿度变化，其空间分布特征与海表温度相似，这是由于中层大气相对湿度主要受到表层海水温度影响（Stephens，1990）。如图3.11所示，赤道太平洋中东部海域垂直风切变有所增强，这是由于海表温度呈类拉尼娜分布会导致沃克环流（Walker Circulation）局部加强，对低层对流层东风和高层对流层西风起到加强驱动作用（Liu和Chan，2013；Lin和Chan，2015；Hu et al.，2018），从而加强局部垂直风切变。整体而言，20世纪末起赤道太平洋地区海表温度呈类拉尼娜空间分布，引起赤道太平洋中东部海域出现大气相对湿度降低，垂直风切变增强。然而，大气相对湿度和垂直风切变出现明显变化的区域主要分布于关键区域东侧，该区域极少有热带气旋生成，关键区域范围内这两个环境因子的变化幅度较小，对热带气旋生成的影响作用有限。

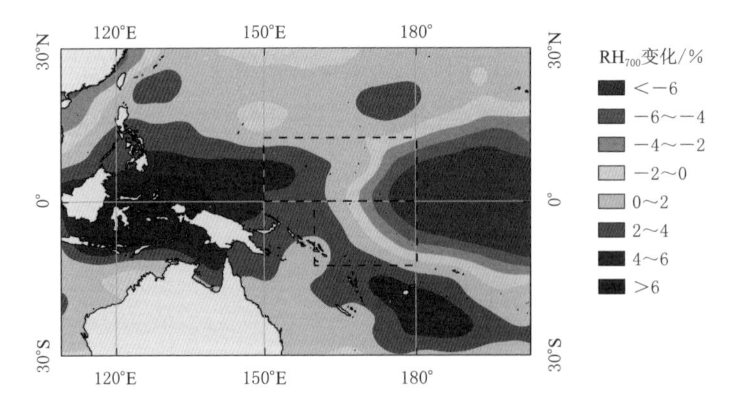

图 3.10 1999—2018 年与 1979—1998 年太平洋地区大气相对湿度 RH_{700} 的差场

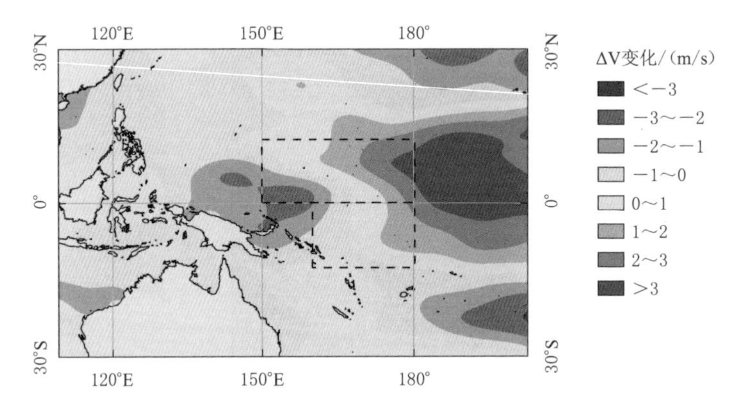

图 3.11 1999—2018 年与 1979—1998 年太平洋地区垂直风切变 ΔV 的差场

如图 3.12 所示，大气涡度出现明显变化的区域与关键区域几乎重合，与上述因子不同，关键区域范围内大气涡度明显减小，可能对该区域内热带气旋生成造成影响。为进一步确认大气涡度的影响作用，计算两海域关键区域大气涡度年平均值序列，并与关键区域热带气旋生成频数序列进行对比，如图 3.13 所示。结果表明，关键区域热带气旋生成频数与大气涡度年平均值变化具有较好的相关性，西北太平洋和南太平洋海域对应的相关系数 r 分别为 0.82 和 0.54，置信水平达到 99%。其中南太平洋海域相关系数较小，可能是由于热带气旋样本较少带来的不确定性。同样地，对关键区域大气相对湿度和垂直风切变年平均值序列与热带气旋生成频数进行相关性分析，发现其不具有显著的相关关系，进一步证实了大气相对湿度和垂直风切变并非引起热带气旋生成频数突减的主导因子。

为检验关键区域大气涡度年代际变化的显著性，采用滑动 T 检验法分析关

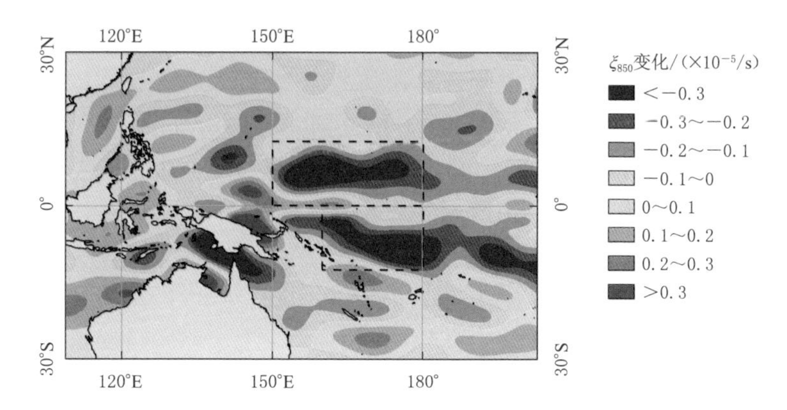

图 3.12　1999—2018 年与 1979—1998 年太平洋地区大气涡度 ξ_{850} 的差场

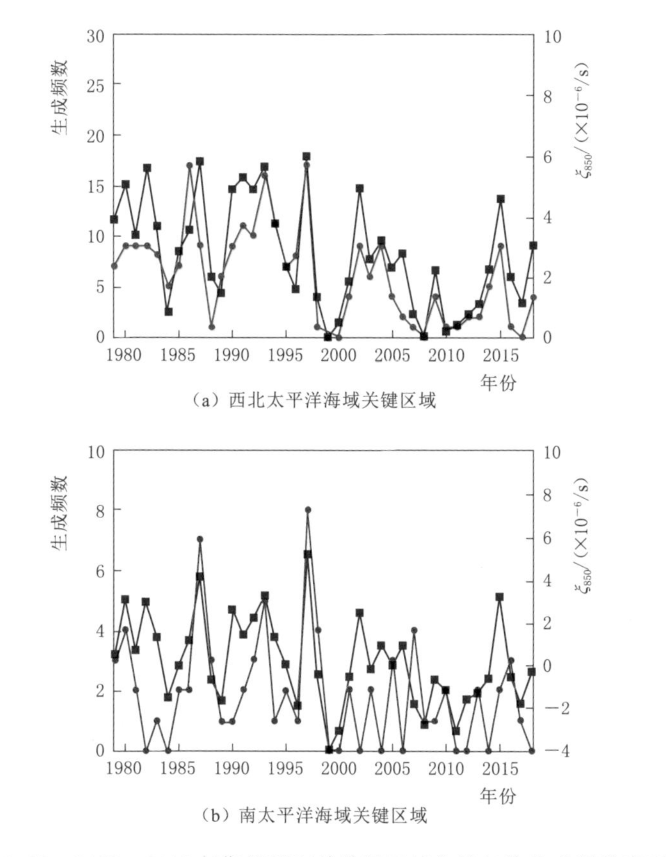

(a) 西北太平洋海域关键区域

(b) 南太平洋海域关键区域

图 3.13　1979—2018 年期间两海域关键区域热带气旋生成频数序列（左轴，方块）与大气涡度 ξ_{850} 序列（右轴，圆点）

键区域大气涡度年平均值序列。如图3.14（a）所示，检验结果表明西北太平洋和南太平洋海域关键区域大气涡度均出现了显著的突减现象，突变点位于1998年附近。进一步，采用基于排序来检验序列的曼-肯德尔检验法对关键区域大气涡度减小的显著性进行检验。如图3.14（b）所示，与滑动T检验法结论一致，曼-肯德尔检验法结果表明，两海域关键区域大气涡度自1998年起呈显著减小。可以得到，两海域关键区域热带气旋生成频数与大气涡度同时在1998年出现显著突减的现象。此外，两海域关键区域空间位置相邻，进一步证实了该区域热带气旋生成可能会受到同一因子影响。有理由推测，大气涡度可能是引起两海域热带气旋生成频数出现突减的主导环境因子。

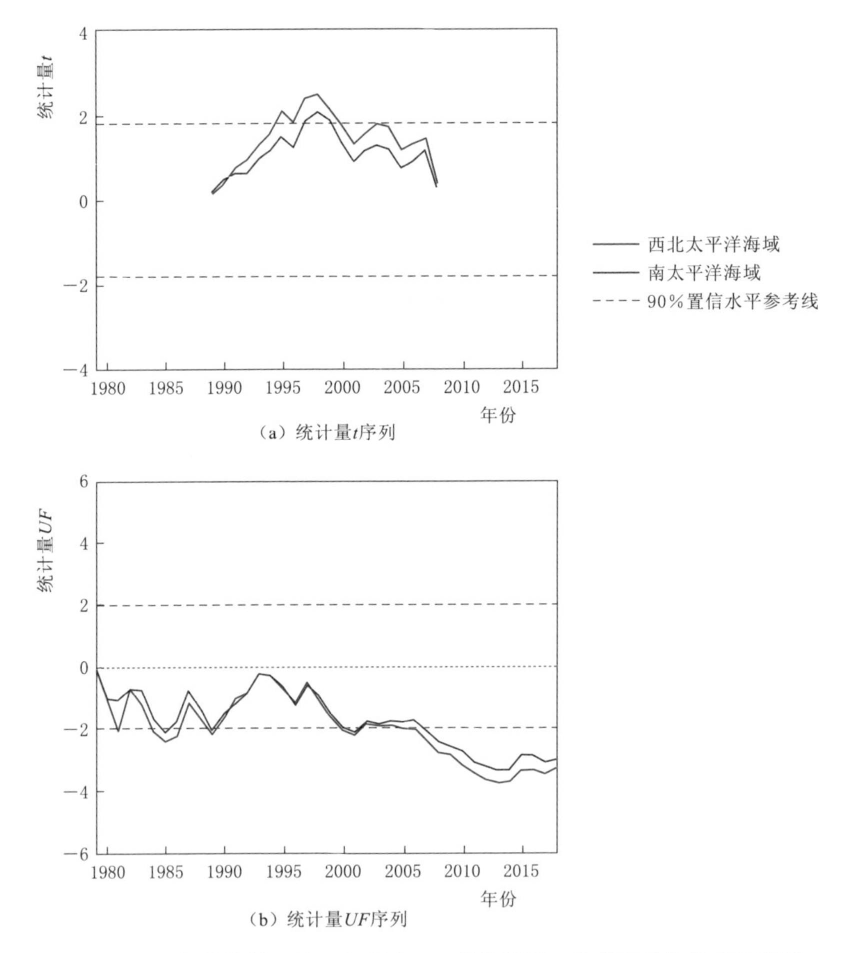

图3.14　两海域关键区域大气涡度ξ_{850}的统计量t序列及统计量UF序列

西北太平洋和南太平洋海域关键区域大气涡度平均值的逐月分布如图3.15所示。结果表明，大气涡度在两海域热带气旋生成尖峰季节较小，在关键季节

10—12 月较大。一般情况下关键季节对流层低层的大气气旋性流动向赤道一侧移动，导致大气相对涡度增加（Camargo et al.，2007a；Molinari 和 Vollaro，2013；Hsu et al.，2014）。由于赤道附近地转偏向力较小，大气相对涡度增加能够明显改善热带气旋对流发展的条件。也就是说，大气涡度是低纬度地区热带气旋在关键季节生成的关键因子。图 3.15 还给出第二阶段（1999—2018 年）相比第一阶段（1979—1998 年）关键区域大气涡度平均值的逐月变化，大气涡度整体减小，不利于热带气旋对流发展，从而导致两海域关键区域热带气旋生成减少。

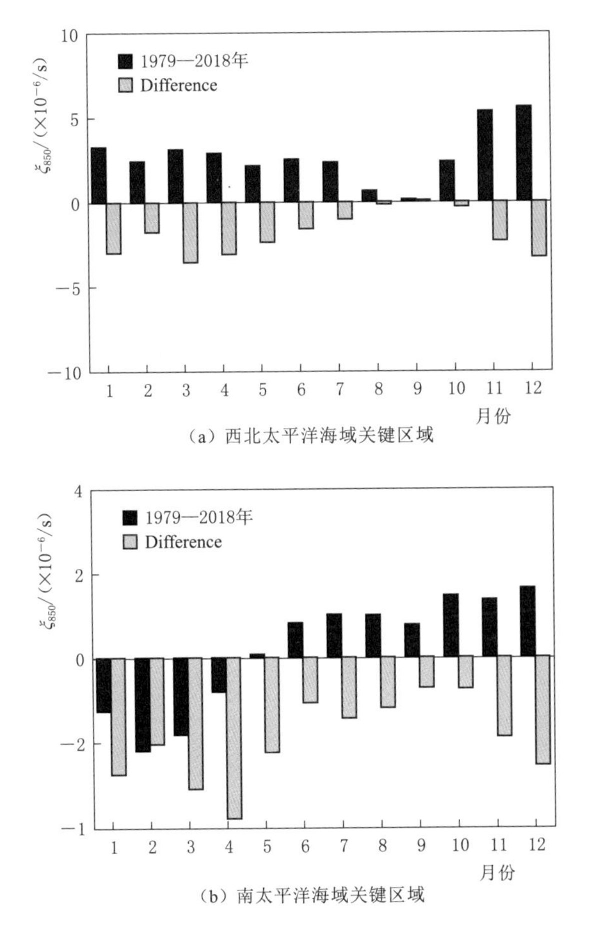

图 3.15　1979—2018 年期间两海域关键区域大气涡度 ξ_{850} 值及变化的逐月分布

综合上述结果，有理由确信大气涡度是引起西北太平洋和南太平洋海域热带气旋生成频数突减的主导环境因子。两海域关键区域大气涡度值于 1998 年出现了显著的突减现象，且集中于关键季节 10—12 月，引起关键区域热带气旋生成频数突减，从而导致两海域热带气旋生成频数出现突减。研究指出，关键区域大气涡度变化主要受到赤道太平洋地区年代际尺度海表温度模态的显著影响。赤道太平洋地区年代际尺度海表温度模态是全球气候系统内部变率的显著体现，具有明显的周期性和典型的区域特征（Wang et al.，2013b；Zhan et al.，2014）。20世纪末以来，赤道太平洋地区年代际尺度海表温度呈类拉尼娜分布，纬向梯度的增加引起沃克环流局部加强，关键区域对流层低层大气呈反气旋流动，从而导致大气涡度出现突减。

赤道太平洋地区年代际尺度海表温度模态可以作为预估未来西北太平洋和南太平洋海域热带气旋生成数量的重要参考。此外，研究表明未来全球变暖对区域尺度热带气旋数量变化的影响有限（Walsh et al.，2019）。这意味着，未来赤道太平洋地区海表温度模态还将继续主导西北太平洋和南太平洋海域热带气旋生成频数的时空变化特征。有理由推测，西北太平洋和南太平洋海域热带气旋生成数量不会长期维持在1998年以来的较低水平，当海表温度模态相位再次发生变化，呈厄尔尼诺分布时，两海域热带气旋数量很可能会迅速恢复到1998年之前的较高水平。

3.4 超强台风生成频数时空变化特征的特异性

本节研究超强台风生成频数的时空变化特征，重点关注超强台风与整体热带气旋特征的差异性，所用研究手段与前文一致，不再赘述。

1. 超强台风时间变化特征

西北太平洋和南太平洋海域超强台风生成频数时间序列如图3.16所示，结果表明，西北太平洋海域超强台风生成频数有所增加，南太平洋海域超强台风

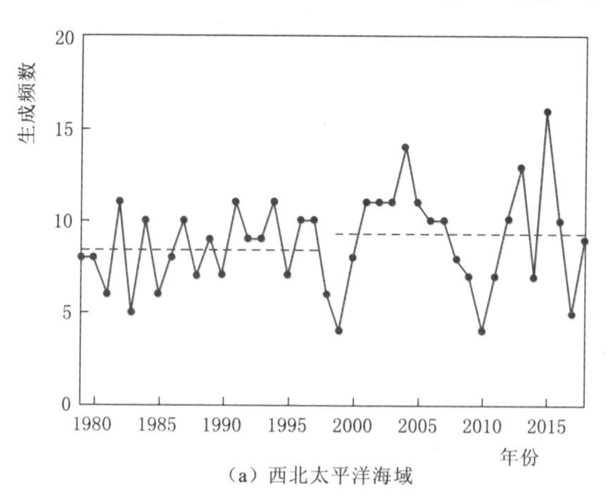

（a）西北太平洋海域

图3.16（一） 1979—2018年期间超强台风生成频数时间序列

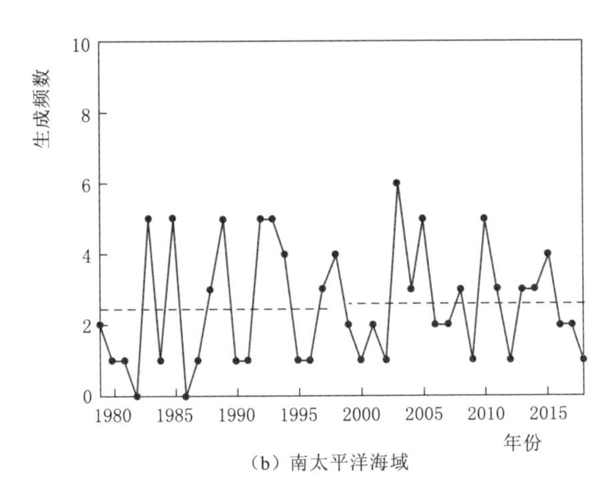

图 3.16（二） 1979—2018 年期间超强台风生成频数时间序列

数量较少且变化不显著。如表 3.1 所示，从第一阶段（1979—1998 年）到第二阶段（1999—2018 年）西北太平洋海域超强台风数量从 168 增加到 186，增加比例 11%；南太平洋海域超强台风数量从 49 增加到 52，增加幅度较小。西北太平洋海域超强台风数量变化与整体热带气旋刚好相反，20 世纪末以来，更多的热带气旋发展成为超强台风。研究指出，西北太平洋是全球范围内超强台风数量最多的海域，近年来西北太平洋海域超强台风对沿海地区的影响加剧（Knapp et al.，2010；Zhan et al.，2017），超强台风生成的时空变化特征十分值得关注。

表 3.1　　西北太平洋和南太平洋海域热带气旋与超强台风生成数量

生成数量		1979—2018 年	1979—1998 年	1999—2018 年
西北太平洋	热带气旋	1008	522	486
	超强台风	354	168	186
南太平洋	热带气旋	393	212	181
	超强台风	101	49	52

2. 超强台风空间变化特征

如图 3.17 所示，第二阶段（1999—2018 年）相比于第一阶段（1979—1998 年）西北太平洋海域超强台风主要生成区域范围明显扩大，西侧界线从 145°E 移动至 135°E 附近。如图 3.18 所示，超强台风生成密度在菲律宾群岛东侧区域（10°～20°N，120°～150°E）明显增加，在关键区域明显减小。

3. 超强台风季节变化特征

图 3.19 给出两海域超强台风数量及其变化的逐月分布，西北太平洋海域超强台风数量在关键季节 10—12 月明显减少，与热带气旋一致；而超强台风数量

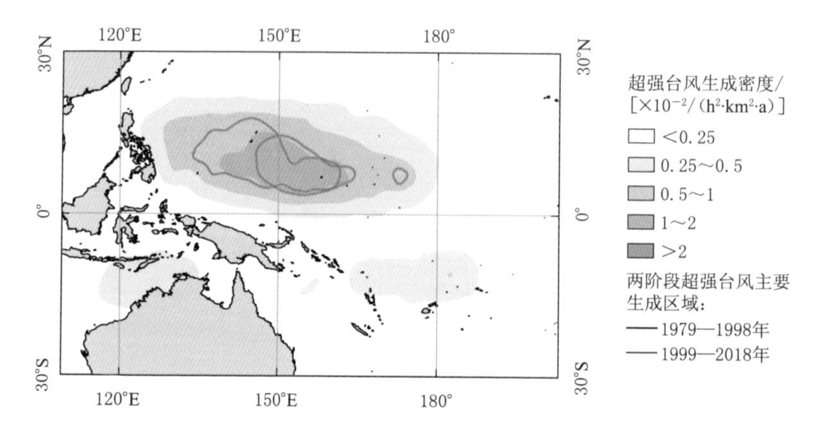

图 3.17 1979—2018 年期间西北太平洋和南太平洋海域超强台风生成密度

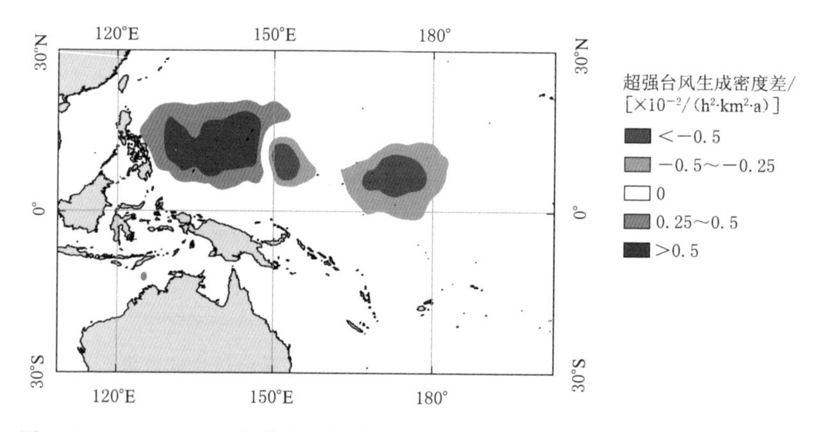

图 3.18 1979—2018 年期间西北太平洋和南太平洋海域超强台风生成密度差

在 4—6 月和 7—9 月明显增加，分别对应西北太平洋海域峰前季节和尖峰季节。20 世纪末以来，西北太平洋海域超强台风在峰前季节和尖峰季节的增加幅度超过其在关键季节的减少幅度，使得西北太平洋海域超强台风生成数量整体增加。

如图 3.20 所示，第二阶段（1999—2018 年）相比第一阶段（1979—1998 年）西北太平洋海域超强台风数量在大多数经度区间内增加，极大值出现在 145°E 附近。海表温度在大多数经度区间内升高，与超强台风具有相似的随经度分布特征。据此推测，西北太平洋海域超强台风生成增多可能与海表温度升高有关。20 世纪末以来，热带气旋生成位置更加靠近陆地，尽管这减少了热带气旋处于海面上吸收水汽和热量的时间，而西北太平洋西部海域海表温度大幅升高，为热带气旋生成和增强提供了有利条件，导致西北太平洋海域超强台风生成数量增加，这一认识与数值模拟结果是一致的（Hsu et al.，2014；Done et al.，2015；Zhao et al.，2018a）。

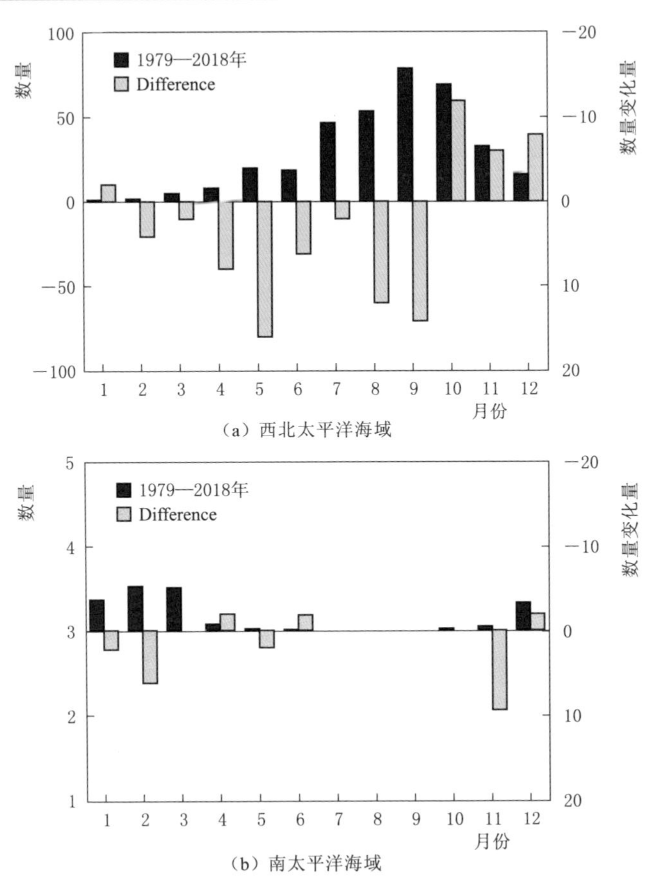

（a）西北太平洋海域

（b）南太平洋海域

图 3.19 1979—2018 年期间超强台风数量（左轴）及数量变化（右轴）的逐月分布

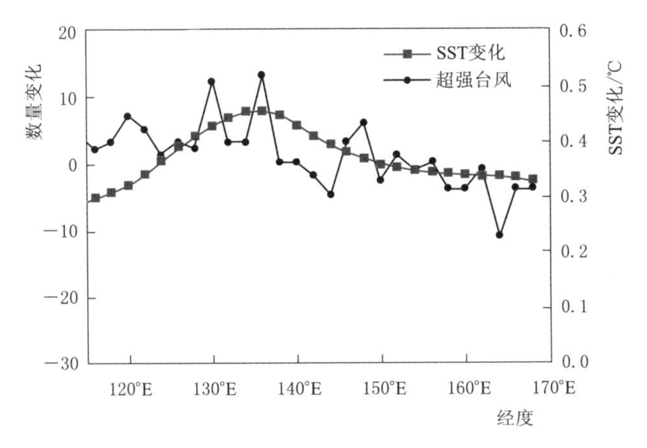

图 3.20 1979—2018 年期间西北太平洋海域超强台风数量变化及海表温度 SST 变化随经度分布

3.5 小结

本章联合使用多个年代际突变检测方法并进行交叉验证，研究了西北太平洋海域热带气旋生成的时空变化特征，并与南太平洋海域进行对比分析，以对结果的可靠性形成进一步支撑。本章分析了影响热带气旋生成的大尺度环境因子的时空变化特征，探究了关键大尺度环境因子的影响机制；此外，还重点关注了超强台风生成频数的时空变化特征。主要结论如下：

（1）证实了西北太平洋和南太平洋海域热带气旋生成频数变化具有诸多一致性特征。两海域热带气旋生成频数均出现显著的突减现象，突变点位于1998年。从空间分布来看，两海域热带气旋生成频数减少的关键区域位于低纬度180°经线以西海域。从季节分布来看，两海域热带气旋生成减少的关键季节为10—12月。

（2）大气涡度是引起西北太平洋和南太平洋海域热带气旋生成频数突减的主导环境因子。20世纪末以来赤道太平洋地区海表温度模态处于冷相位，海表温度呈类拉尼娜分布，引起关键区域大气涡度出现显著的突减现象。

（3）20世纪末以来西北太平洋海域超强台风数量增加，主要分布在菲律宾群岛东侧区域，集中于4—6月和7—9月。超强台风生成数量增加可能与西北太平洋西部海域海表温度升高有关。

第 4 章 热带气旋路径模型构建与应用

本章明确了环境气流的水平切变率是热带气旋运动的关键影响因素，推导并提出合理反映环境气流对热带气旋运动影响的 β 漂移速度表达式，并以此为基础发展了一套兼具准确性和实用性的热带气旋路径模型。利用该路径模型模拟得到的西北太平洋和北大西洋海域热带气旋活动频率与观测结果吻合，展示了模型的准确性。针对西北太平洋海域热带气旋活动频率、盛行路径、登陆数量及其随纬度分布等多个反映气候尺度热带气旋活动特征的典型问题，对比分析了不同 β 漂移计算方案的路径模型的模拟结果，发现这一新提出的模型能够更为合理地刻画气候尺度热带气旋活动特征，相比已有模型具有明显优势(Shan 和 Yu，2020c)。上述结果充分说明了路径模型中合理考虑 β 漂移物理机制是十分必要的，以此为基础提出的模型将进一步应用于探究未来全球变暖条件下热带气旋活动规律。

4.1 热带气旋运动理论

从涡度动力学的角度分析，大尺度环境流场引起热带气旋的相对涡度产生平流运动，是控制热带气旋运动的主要外力。运动过程中，热带气旋作为一个系统整体运动，垂直方向上运动速度变化不大。一般采用二维非线性浅水方程描述热带气旋运动。

(1) 连续方程

$$\frac{\partial \phi}{\partial t}+\nabla(\phi \boldsymbol{u})=0 \tag{4.1}$$

(2) 动量方程

$$\frac{\mathrm{d}\boldsymbol{u}}{\mathrm{d}t}=\frac{\partial \boldsymbol{u}}{\partial t}+\boldsymbol{u}\ \nabla \boldsymbol{u}=-\nabla \phi-f\boldsymbol{k}\cdot \boldsymbol{u} \tag{4.2}$$

式中：ϕ 表示势函数；$\boldsymbol{u}$ 表示平面风速；f 表示科里奥利参数，随纬度 φ 变化表

达式为 $f=2\Omega\sin\varphi$；$\boldsymbol{k}$ 表示方向向上的单位矢量。

如果将热带气旋作为大型均匀环境流场中的一个点涡旋，气旋中心的移动速度，近似地等于气旋中心一定范围内环境气流的平均移动速度，这便是引导气流的基本原理（Chan，1984）。实际大气中，热带气旋中心附近的流动则更为复杂，需要考虑热带气旋与科里奥利力和环境气流的相互作用。

将平面流动 $\boldsymbol{u}$ 进一步分解为环境气流 $\boldsymbol{U}$ 和气旋流动 $\boldsymbol{u}_c$，即 $\boldsymbol{u}=\boldsymbol{U}+\boldsymbol{u}_c$；类似地，将势函数 ϕ 分解为环境气流分量 Φ 和气旋分量 ϕ_c，即 $\phi=\Phi+\phi_c$。

将分解形式代入到连续方程（4.1）和动量方程（4.2），且对于大尺度环境气流，仍可用浅水方程描述：

$$\frac{\partial \Phi}{\partial t}+\nabla(\Phi \boldsymbol{U})=0 \tag{4.3}$$

$$\frac{\partial \boldsymbol{U}}{\partial t}+\boldsymbol{U}\cdot\nabla\boldsymbol{U}=-\nabla\Phi-f\boldsymbol{k}\cdot\boldsymbol{U} \tag{4.4}$$

将式（4.1）和式（4.3）相减，以及式（4.2）和式（4.4）相减，整理后可得：

$$\frac{\partial \phi_c}{\partial t}+\nabla(\phi_c\boldsymbol{u}_c)=-\nabla(\Phi\boldsymbol{u}_c)-\nabla(\phi_c\boldsymbol{U}) \tag{4.5}$$

$$\frac{\partial \boldsymbol{u}_c}{\partial t}+\boldsymbol{u}_c\cdot\nabla\boldsymbol{u}_c+\nabla\phi_c=-\boldsymbol{U}\cdot\nabla\boldsymbol{u}_c-\boldsymbol{u}_c\cdot\nabla\boldsymbol{U}-f\boldsymbol{k}\cdot\boldsymbol{u}_c \tag{4.6}$$

其中，式（4.6）等号右端是热带气旋与科里奥利力及环境气流的相互作用项。

连续方程与动量方程共同组成了描述热带气旋运动的基本方程组。其中，气旋环流与环境气流和科里奥利力高度耦合在一起。如果直接对方程组进行迭代求解，需要大量而精细的观测资料进行初始化，并且会占用大量的计算资源，适用于单个热带气旋预报（Zhang et al.，2016；Chen et al.，2018）。

气候尺度热带气旋活动研究主要关注热带气旋活动的统计特征，涉及成百上千个热带气旋样本，往往并不会直接对上述方程组进行求解。一种常用的手段是热带气旋路径模型（Wu 和 Wang，2004；Wu et al.，2005；Emanuel et al.，2006；Colbert et al.，2013，2015），其原理是基于对热带气旋与科里奥利力和环境气流的相互作用效果分析，将控制热带气旋运动的关键机制分解为环境气流的引导和热带气旋与科里奥利力相互作用产生的 β 漂移（Fiorino 和 Elsberry，1989；Wang et al.，1998；Chan，2005）。动力路径模型计算过程中，大尺度环境引导气流可以直接从风场数据资料中估算得到（Chan 和 Gray，1982；Chu et al.，2012；Colbert 和 Soden，2012）。β 漂移速度的计算方式是各个动力路径模型的关键区别，目前已有的动力路径模型对 β 漂移速度计算方式有：①Wu 和 Wang（2004）采用动力路径模式为评估和预估西北太平洋海域热带气旋路径的变化趋势，在每个空间网格上均采用β漂移速度多年平均值，由热带气旋历史平均移动速度减去大尺度环境引导气流平均值后得到；②Emanuel et al.（2006）将β漂移速度假定为常向量，向西分量为零，向北分量为2.5m/s；③Zhao et al.（2009）构建了关于β漂移速度气候平均值与环境因子的经验公式；④Colbert 和 Soden（2012）基于观测资料构建了β漂移速度大小与台风路径角度的经验公式。需要指出的是，已有的动力路径模型在计算β漂移速度时，并没有将β漂移的物理机制考虑在内。

根据动力学研究结果，β漂移的物理机制可以表述为：热带气旋与科里奥利力相互作用产生次级引导气流，在次级引导气流的引导作用下，热带气旋相对于大尺度引导气流向西北方向运动（Fiorino 和 Elsberry，1989；Chan，2005）。研究表明，大尺度环境气流的水平切变率对β漂移速度大小有显著的影响（Wu 和 Emanuel，1993；Wang 和 Li，1995；Li 和 Wang，1996；Wang 和 Holland，1996）。有必要在动力路径模型中引入β漂移物理机制，以更合理地反映环境气流对热带气旋运动的影响。

4.2 β漂移速度理论推导

理论研究表明，在热带气旋与科里奥利力经向梯度的相互作用下，热带气旋中心附近将产生一对反向旋转的涡旋，称为β涡对。以北半球为例，气旋性涡旋位于热带气旋中心的西南象限，反气旋性涡旋位于热带气旋中心的东北象限，β涡对之间的气流呈西北方向，为次级引导气流。在β涡对之间的次级引导气流的作用下，热带气旋相对于大尺度引导气流向西北方向运动（Fiorino 和 Elsberry，1989；Chan，2005）。可见，β漂移速度大小取决于热带气旋中心附近的次级引导气流，与β涡对强度密切相关。

采用 Wang 和 Li（1995）关于β涡对动能的研究结果，对β涡对的发展过程进行描述：

$$\frac{\mathrm{d}K}{\mathrm{d}t}=F \tag{4.7}$$

式中：K 表示计算区域内的β涡对动能；F 表示β涡对发展的净能量通量。

研究表明，由环境气流向β涡对的能量转化率，与环境气流的水平切变率 $(V/x+U/y)$ 成正比（Li 和 Wang，1996），可以表示为

$$F=\frac{1}{2}\left(\frac{V}{x}+\frac{U}{y}\right)(-\sin2\alpha)K \tag{4.8}$$

式中：U 表示环境气流的纬向（x）分量；V 表示环境气流的经向（y）分量；α 表示反气旋性涡旋中心的方位角，从正北方向逆时针旋转算起。

在北半球，反气旋性涡旋通常位于热带气旋的东北象限，因此有 $\sin 2\alpha < 0$。也就是说，当环境气流的水平切变率$(V/x+U/y)$为正时，从环境气流到β涡对的能量转化增加，导致β涡对增强，β漂移速度大小增加，当$(V/x+U/y)$为负时则相反。这一正比关系对于任意热带气旋的强度和结构取值组合均成立（Li和 Wang，1996）。

基于上述分析，将式（4.8）代入式（4.7），且认为环境气流近似处于准均衡态，得到β涡对的动能表达式：

$$K = K_0 \exp\left[a_0\left(\frac{V}{x}+\frac{U}{y}\right)(t-t_0)\right] \tag{4.9}$$

式中：K_0 表示 $t=t_0$ 时刻的β涡对动能；a_0 表示无量纲常量。

进一步可得，在单位时间步长 τ 内β涡对环流特征速度表达式为

$$W = W_0 \exp\left[a_\tau\left(\frac{V}{x}+\frac{U}{y}\right)\tau\right] \tag{4.10}$$

式中：W 表示β涡对环流特征速度；W_0 和 a_τ 表示待率定常量。

基于 Fiorino 和 Elsberry（1989）的理论研究结果，可知β涡对之间的次级引导气流大小正比于 W。考虑推导过程中省略项的影响后，得到β漂移速度的表达式为

$$\boldsymbol{u}_\beta = \boldsymbol{u}_1 + \boldsymbol{u}_2 \exp\left[a_\tau\left(\frac{V}{x}+\frac{U}{y}\right)\tau\right] \tag{4.11}$$

式中：$\boldsymbol{u}_\beta$ 表示β漂移速度；$\boldsymbol{u}_1$ 表示与环境气流的水平切变率无关的忽略项；由推导过程易得 $|\boldsymbol{u}_2| = W_0$。

目前已有的β漂移速度计算方案均基于经验关系（Wu 和 Wang，2004；Wu et al.，2005；Emanuel et al.，2006；Colbert et al.，2013，2015），相比之下，这一新推导得到的β漂移速度表达式［式 4.11)］是基于β涡对的能量转化率与环境气流的水平切变率的理论认识，该表达式合理地反映了环境气流对热带气旋运动影响，并且能够根据环境风场数据实时计算，其物理意义更为清晰，适用范围更广。

将这一新的β漂移速度表达式实际应用于某一海域时，其常数参量应基于对应海域的β漂移统计特征量进行率定。以西北太平洋海域为例，Zhao et al.（2009）基于 1965—2007 年西北太平洋海域热带气旋的观测资料，对热带气旋平均移动速度和对应位置的大尺度环境引导气流平均速度作差后，估算得到β漂移速度的总体平均大小和方向分别为 3.30m/s 和 320°；Chen 和 Duan（2018）基于 1949—2014 年西北太平洋海域热带气旋的观测资料，采用同样的估算办法得到β漂移速度的总体平均大小和方向分别为 2.86m/s 和 310°。可以得到，尽管研究时间范围有所不同，以往研究中估算得到的β漂移的平均值大小在 3m/s

左右，整体为西北方向。估算结果与理论研究结果一致，北半球次级引导气流的方向初始向北，在热带气旋的对称环流作用下旋转约45°转向西北，β漂移呈西北方向（Fiorino和Elsberry，1989）。上述结果表明，西北太平洋海域β漂移速度的合理取值方法为，采用固定角度315°作为β漂移速度方向，并使得β漂移大小在1.5～4m/s附近变化。由此可得，β漂移速度纬向分量 u_β（以东为正）和经向分量 v_β（以北为正）的表达式分别为

$$u_\beta = -W_\beta\left\{1+\exp\left[\gamma\left|\frac{U}{y}+\frac{V}{x}\right|\right]\right\} \tag{4.12}$$

$$v_\beta = W_\beta\left\{1+\exp\left[\gamma\left|\frac{U}{y}+\frac{V}{x}\right|\right]\right\} \tag{4.13}$$

其中，$W_\beta=1.0\text{m/s}$；$\gamma=2000\text{s}$。

4.3 路径模型计算设置

路径模型计算过程中，热带气旋通常被视为一个点涡，路径模型从热带气旋生成位置起计算其各个时间步长的位移，从而确定热带气旋的路径。纬向和经向位移的差分方程如下：

$$x_{n+1}=x_n+(U+u_\beta)\Delta t \tag{4.14}$$

$$y_{n+1}=y_n+(V+v_\beta)\Delta t \tag{4.15}$$

式中：x 表示热带气旋的纬向位置；y 表示热带气旋的经向位置；U 表示引导气流纬向速度；V 表示引导气流经向速度；下标 n 表示 $t=t_0+n\Delta t$ 时刻的值，t_0 表示生成时刻，Δt 表示计算时间步长，通常取 $\Delta t=6\text{h}$。

由式（4.14）和式（4.15）可知，热带气旋路径由其生命周期内各个时刻的运动速度唯一确定。热带气旋运动速度可分为大尺度环境引导气流速度和β漂移速度两部分。其中，引导气流速度由NCEP/NCAR再分析数据离散网格点的平均风速计算得到，NCEP/NCAR再分析数据时间间隔为6h，垂直方向包括17个等压层面，水平分辨率为2.5°×2.5°（Kalnay et al.，1996）。垂直方向上，由于边界层和流出层有较强的辐合辐散现象，不利于准确估计涡度平流（Chan，1984），一般选取从850hPa到200hPa之间的垂直平均值（Holland，1984；Deng et al.，2010；Colbert et al.，2012）；在水平方向上，选取热带气旋中心位置附近的5°～7.5°带状区域所包含的网格点，计算其平均值。这是由于在热带气旋中心附近不仅包括了环境引导气流，也包括了气旋环流及其与环境相互作用所产生的次级气流（Chan和Gray，1982）。β漂移速度由式（4.12）和式（4.13）计算得到。

热带气旋路径模型的计算流程如图4.1所示，主要包括：①启动计算程序，

对热带气旋生成位置、时间等相关变量进行初始化；②进入循环模拟，在每个时间步长内，根据热带气旋所处的位置和时刻，读取环境流场信息；③计算大尺度环境引导气流速度；④计算环境气流的水平切变率；⑤计算 β 漂移速度；⑥求和得到这一时刻的热带气旋移动速度，并认为热带气旋在单位计算时间步长内以同一速度移动，计算得到下一时刻热带气旋的位置，即完成一次循环计算；⑦重复步骤②～⑥，直至达到模拟时长（设置为 10 天）或热带气旋移出计算域，并输出计算结果。

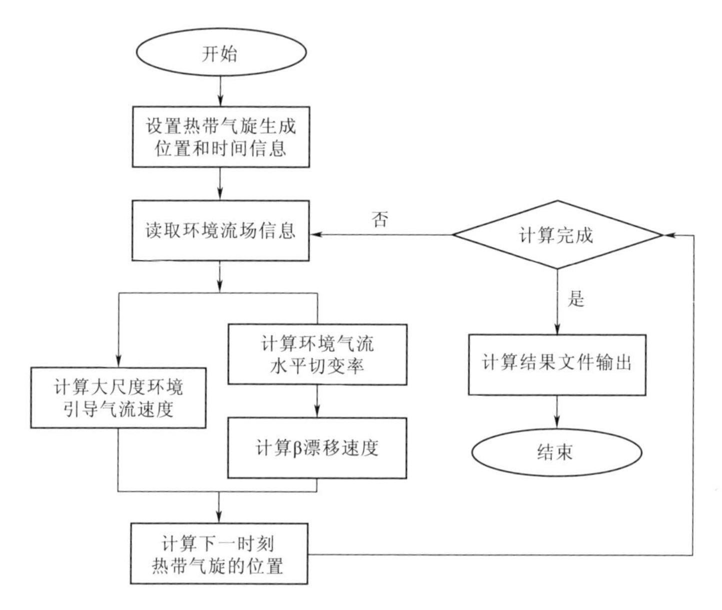

图 4.1 热带气旋路径模型的计算流程图

4.4 路径模型计算验证

为验证路径模型对气候尺度热带气旋活动特征的模拟能力，将热带气旋活动频率的模拟结果与观测结果进行对比。以西北太平洋海域热带气旋作为研究对象，研究时间范围为 1979—2018 年，共计 935 个样本。热带气旋观测数据来源于 IBTrACS 数据集（Knapp et al.，2010）。

热带气旋活动频率计算方法如下：将西北太平洋海域（0°～50°N，100°～180°E）划分为 5°×5°的网格，基于热带气旋路径信息，统计热带气旋在网格中的平均出现频率，单位为（个/年），每个热带气旋只计 1 次。网格中出现的热带气旋频率越高，表示一定时间范围内经过该网格的热带气旋越多，热带气旋活动越活跃。1979—2018 年期间西北太平洋海域热带气旋活动频率如图 4.2 所示，热带气旋主要活跃在 10°N 以北以及 35°N 以南，即菲律宾海及南中国海北部地区。

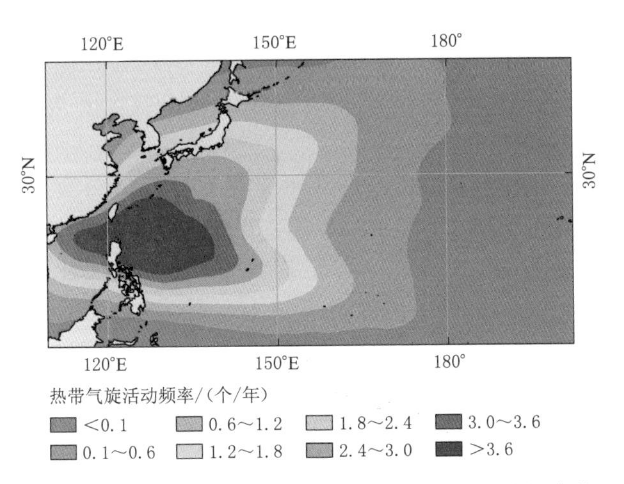

图 4.2 1979—2018 年期间西北太平洋海域热带气旋活动频率的观测结果

采用路径模型计算 1979—2018 年期间西北太平洋海域全部 935 个热带气旋的运动路径，其中 β 漂移速度采用式（4.12）和式（4.13）进行计算，热带气旋的生成位置及对应时刻来源于 IBTrACS 数据集，计算时长与数据集中热带气旋生命周期保持一致，时间步长为 6h，计算区域为 0°~50°N、100°~180°E，环境风场数据使用 NCEP/NCAR 再分析资料（Kalnay et al.，1996）。图 4.3 给出西北太平洋海域热带气旋活动频率模拟结果，其空间分布特征与观测结果吻合，热带气旋活动主要分布在 10°N 以北以及 35°N 以南的海域，二者的相关系数 $r=$

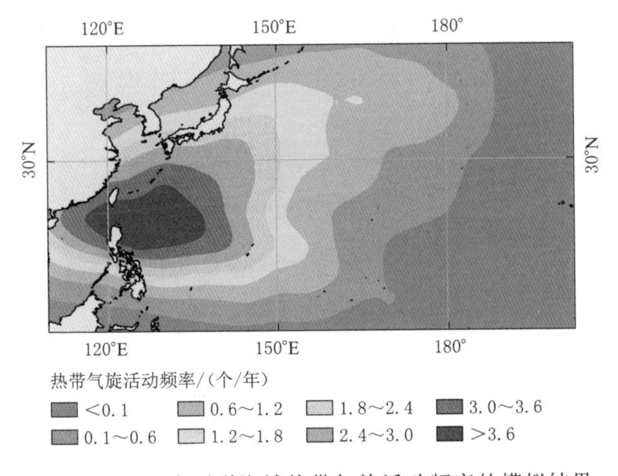

图 4.3 西北太平洋海域热带气旋活动频率的模拟结果

0.96，并且极大值中心位置一致，均位于 125°E、20°N 附近。模拟结果相比观测结果在较高纬度处略有偏大，偏差绝对值较小。可以认为，路径模型能够准确地刻画西北太平洋海域气候尺度热带气旋的活动特征。

为验证路径模型的通用性，将路径模型进一步应用于北大西洋海域。采用路径模型计算了 1979—2018 年期间北大西洋海域全部 428 个热带气旋的路径，计算区域为 0°～50°N、100°～10°W。β 漂移速度同样采用式（4.12）和式（4.13）进行计算，常数参数取值与西北太平洋海域保持一致。图 4.4 给出了北大西洋海域热带气旋活动频率的观测结果与模拟结果。对比结果表明，模拟结果的空间分布特征与观测结果吻合，二者相关系数 $r=0.93$，且极大值中心位置一致，均位于 70°W、35°N 附近。模拟结果相比观测结果在 60°W 以西的开阔海域

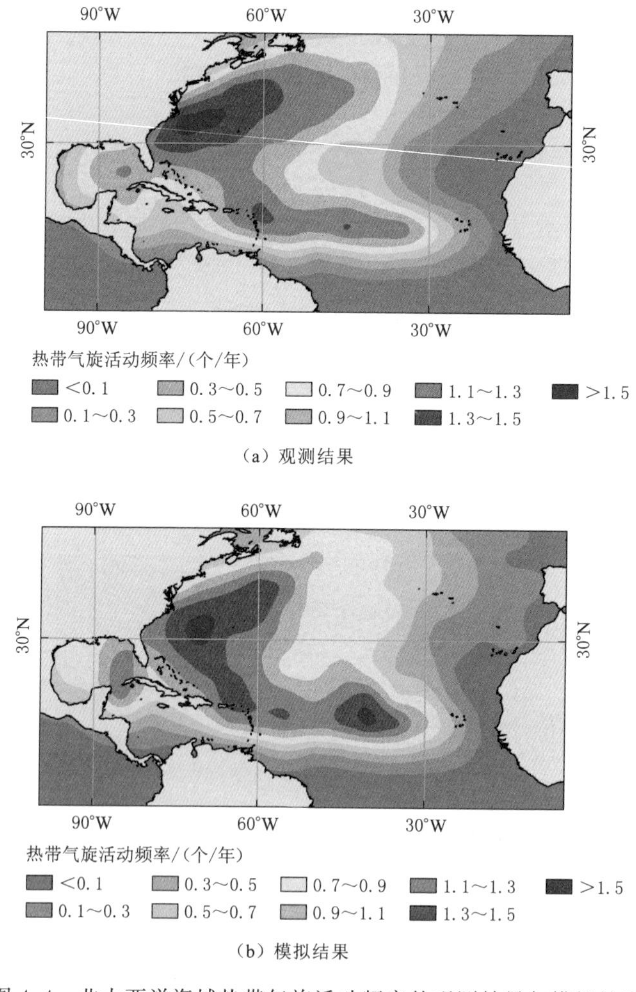

图 4.4　北大西洋海域热带气旋活动频率的观测结果与模拟结果

略有偏小，偏差绝对值较小。可以认为，新提出的路径模型同样能够较为准确地刻画北大西洋海域气候尺度热带气旋的活动特征。

4.5 路径模型应用与优势分析

为证明这一新提出的路径模型的合理性，将本章新构建的路径模型与基于不同β漂移计算方案的路径模型进行对比，分别查看各模型对于西北太平洋海域热带气旋活动频率、盛行路径和登陆数量及比例等方面的模型能力。选取的对比模型包括 Wu 和 Wang（2004）路径模型和 Emanuel et al.（2006）路径模型。其中，Wu 和 Wang（2004）在每个空间网格上均采用β漂移速度的多年平均值；Emanuel et al.（2006）将β漂移速度假定为常向量，向西分量为零，向北分量为 2.5m/s。

1. 热带气旋活动频率

如图 4.5 所示，Wu 和 Wang（2004）路径模型对西北太平洋海域热带气旋活动频率的模拟结果相比观测结果，在菲律宾群岛及南中国海南部地区和 150°E 经线以东偏大，在中国南海和东海地区偏小，偏差绝对值较大；Emanuel et al.（2006）路径模型对西北太平洋海域热带气旋活动频率的模拟结果相比观测结果，在 20°N 以北的开阔海域偏大，在菲律宾群岛及南中国海南部地区偏小，偏差绝对值较大。可以得出结论，该路径模型相比已有模型，能够更为准确地刻画出西北太平洋海域热带气旋活动频率。

2. 热带气旋盛行路径

热带气旋盛行路径是研究热带气旋活动规律及灾害影响的重要手段，通常可以依据热带气旋的生成位置、形状、长度等特征划分出几类典型的盛行路径，盛行路径能够较为直观地反映路径模型对气候尺度热带气旋活动的模拟能力（Colbert et al.，2012；Park et al.，2017）。研究表明，不同盛行路径类别下的热带气旋，往往具有相似的活动季节、强度、生命周期、移动速度、登陆影响等特征（陈联寿 等，1979；Camargo et al.，2007b）。采用 Colbert et al.（2015）提出的分类方法，即依据路径位置将热带气旋路径分为三类盛行路径，第 1 类为西-西北方向直行（Straight Moving；SM）路径，分类依据为路径经过 145°E 以西、20°N 以南海域，该类盛行路径主要对菲律宾群岛和南中国海造成威胁；第 2 类为西北方向转向登陆（Curved to Landfall；CL）路径，分类依据为路径经过 145°E 以西、25°N 以北海域或者 135°E 以西、20°N 以北海域，主要对中国东部沿海、朝鲜半岛和日本岛造成威胁；第 3 类为西北方向转向东北开阔海域（Curved to the Ocean；CO）路径，分类依据为路径经过 145°E 以东、20°N 以北海域，几乎不会对陆地造成威胁。图 4.6 给出 1979—2018 年期间西北太平洋海

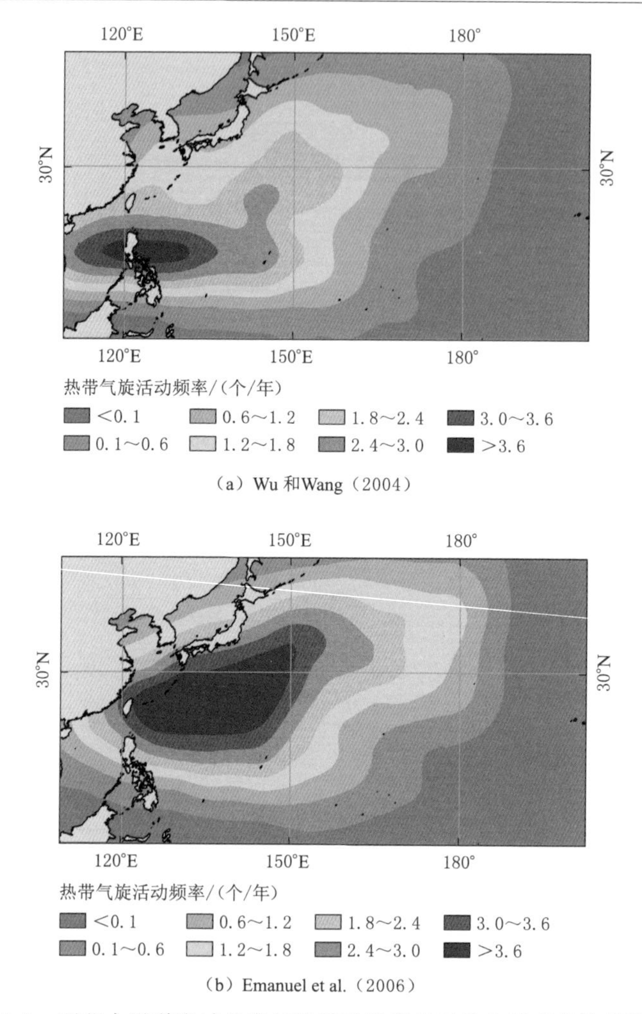

（a）Wu 和Wang（2004）

（b）Emanuel et al.（2006）

图 4.5　西北太平洋海域热带气旋活动频率基于前人模型的模拟结果

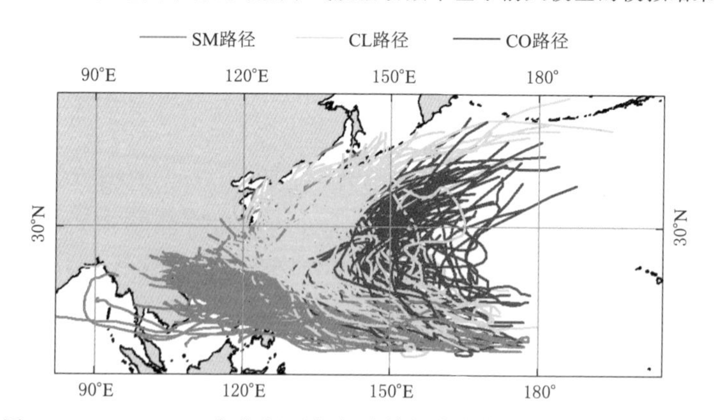

图 4.6　1979—2018 年期间西北太平洋海域热带气旋路径的分类结果

域热带气旋路径的分类结果，数据来源于 IBTrACS 热带气旋数据集（Knapp et al.，2010），共计 494 个样本。

采用 Wu 和 Wang（2004）路径模型、Emanuel et al.（2006）路径模型和新提出的路径模型等 3 个模型，针对西北太平洋海域主要生成区域内生成的热带气旋，计算得到其运动路径，计算时长为 10 天，略长于西北太平洋海域热带气旋平均生命周期 7 天，热带气旋生成位置及时刻来自 IBTrACS 热带气旋数据集，环境风场来自 NCEP/NCAR 再分析数据。采用 Colbert et al.（2015）的方法，对各路径模型计算得到的全部热带气旋路径进行分类。由于模型计算结果存在一定偏差，基于观测资料和计算结果的盛行路径分类情况存在差异。

将各个模型计算结果的盛行路径平均特征（包括数量和形状）与观测资料之间的吻合程度，作为对比分析的依据。热带气旋各盛行路径类别下热带气旋数量的观测与模拟结果的对比如表 4.1 所示。结果表明，新模型对各盛行路径热带气旋数量的模拟结果与观测结果最为吻合。相比之下，Wu 和 Wang（2004）路径模型对呈 SM 路径的热带气旋数量计算结果较为准确，但呈 CL 路径的热带气旋数量计算结果较观测结果偏少，呈 CO 路径的热带气旋数量计算结果较观测结果偏多；Emanuel et al.（2006）路径模型对呈 CL 路径的热带气旋数量计算较为准确，但对呈 SM 路径的热带气旋数量计算结果相较观测结果严重偏少，呈 CO 路径的热带气旋数量计算结果相较观测结果严重偏多。

表 4.1　　西北太平洋海域各盛行路径类别的热带气旋数量

路径类别	观测结果	Wu 和 Wang（2004）	Emanuel et al.（2006）	新模型
SM 路径	170	181（+11）	31（−139）	150（−20）
CL 路径	220	129（−91）	197（−23）	213（−7）
CO 路径	104	183（+79）	264（+160）	131（+27）
未分类	0	1（+1）	2（+2）	0

注　括号内的数字为模拟结果与观测结果之差。

Wu 和 Wang（2004）路径模型采用的 β 漂移速度是多年平均值，β 漂移速度整体呈西北方向，与理论研究结果相符（Fiorino 和 Elsberry，1989；Chan，2005），而在中纬度的副热带高压区域呈东北方向。究其原因，在北半球夏季，中纬度地区长期有副热带高压活跃，只有当副热带高压分裂时，热带气旋才会穿越副热带高压的中心区域。而基于 Wu 和 Wang（2004）方法得到的 β 漂移速度在副热带高压区域附近会存在偏差，相比真实值偏东。这一偏差使得 Wu 和 Wang（2004）路径模型计算得到的热带气旋路径在中纬度地区较观测结果偏东，呈 CL 路径的热带气旋数量计算结果较观测结果偏少，呈 CO 路径的热带气旋数量较观测结果偏多。前人在采用 Wu 和 Wang（2004）的方法计算 β 漂移速度多年平均值时，也注意到这一偏差问题（Zhao et al.，2009）。Emanuel et al.（2006）路径模型采用的β漂移速度呈正北方向，缺少向西的漂移速度分量。在西北太平洋海域夏季，大尺度环流使得在低纬度区域的环境引导气流速度向西，在中高纬度区域的环境引导气流速度向东，因此，Emanuel et al.（2006）忽略β漂移向西的速度分量，使得热带气旋在低纬度区域的运动速度向西分量偏小，在中高纬度区域的运动速度向东分量偏大，从而导致呈 SM 路径的热带气旋数量计算结果较观测结果偏少，呈 CO 路径的热带气旋数量计算结果较观测结果偏多。

图 4.7 给出热带气旋盛行路径平均形状特征的模拟结果和观测结果对比。由于路径模型计算时长为 10 天，略长于西北太平洋海域热带气旋平均生命周期 7 天，盛行路径模拟结果较观测结果有所延伸。结果表明，基于新模型对盛行路径的模拟结果与观测结果最为吻合，能够较为准确地刻画盛行路径的平均形状特征。相比之下，Wu 和 Wang（2004）路径模型对 SM 路径的模拟结果与观测结果比较吻合，略偏向西南方向，CL 和 CO 路径的模拟结果与观测结果在低纬度区域较为接近，在中纬度出现较大的向东偏移。结合上文分析，这与 Wu 和 Wang（2004）对副热带高压区域附近的β漂移速度存在向东的偏差有关。Emanuel et al.（2006）路径模型对 SM 路径的模拟结果向北出现弯折，与观测结果不符，CL 和 CO 路径的模拟结果较观测结果出现较大的向东偏移，这与 Emanuel et al.（2006）忽略β漂移向西速度分量有关。

3. 热带气旋登陆

热带气旋作为一种灾害性天气现象，登陆后常给沿海地区带来严重的破坏，造成巨大的人员伤亡和财产损失，热带气旋登陆问题一直备受关注（Park et al.，2014；Walsh et al.，2016）。为了比较基于不同β漂移计算方案的路径模型对西北太平洋海域热带气旋登陆（Landfall）的模拟能力，针对西北太平洋海域热带气旋的观测资料和不同路径模型计算结果，分别计算了热带气旋登陆数量及比例。考虑到热带气旋登陆后，下垫面环境发生极大变化，登陆前后的热带气旋运动控制机制发生改变（陈玉林 等，2005；Zhang et al.，2013），因此，只考虑热带气旋首次登陆。

表 4.2 给出了西北太平洋海域热带气旋登陆数量和比例。其中，观测结果得到共计 522 个热带气旋样本登陆，登陆比例为 56%。Wu 和 Wang（2004）路径模型和新模型的模拟结果与观测结果较为接近，Wu 和 Wang（2004）得到 493 个热带气旋样本登陆，登陆比例为 53%，略小于观测结果；新模型得到 555 个热带气旋样本登陆，登陆比例为 59%，略大于观测结果。相比而言，Emanuel et al.（2006）路径模型模拟结果远小于观测结果，共计 358 个热带气旋样本登陆，登陆比例为 38%。

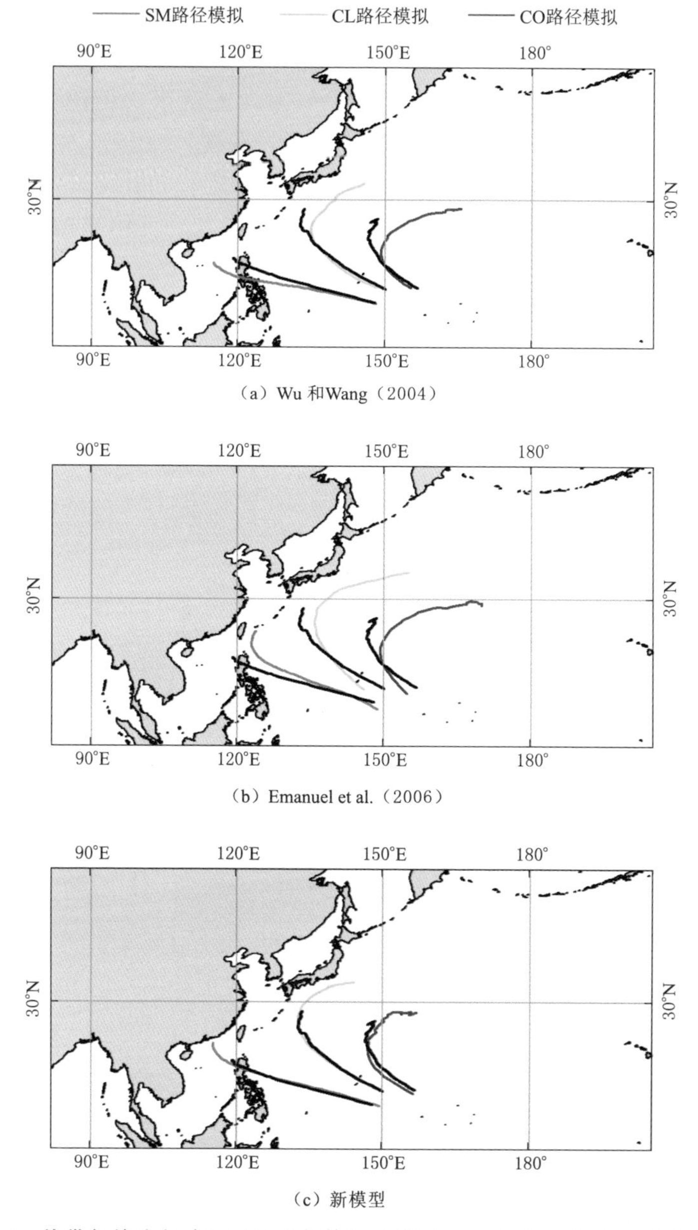

图 4.7 热带气旋盛行路径平均形状特征的模拟结果与观测结果（黑色）对比

表 4.2　　西北太平洋海域热带气旋登陆数量和比例

统计信息	观测结果	Wu 和 Wang (2004)	Emanuel et al. (2006)	新模型
登陆数量	522	493	358	555
登陆比例/%	56	53	38	59

观测结果表明，热带气旋登陆数量随纬度分布具有明显的变化特征，登陆数量在 12.5°～17.5°N 区间，在 22.5°N 和 35°N 处达到极大值，分别对应菲律宾群岛、中国东部沿海和日本岛等地区。如图 4.8 所示，相比其他两个模型，新模型模拟结果与观测结果吻合程度最好，相关系数 $r=0.97$，特别是对 3 个极大值的位置和大小的模拟结果与观测结果非常接近。相比之下，Wu 和 Wang（2004）路径模型对 12.5°～17.5°N 区间的模拟结果比观测结果偏大，而 22.5°N 和 35°N 处的模拟结果比观测结果偏小；Emanuel et al.（2006）路径模型则严重低估了在 12.5°～17.5°N 区间的热带气旋登陆数量，进而导致整体热带气旋登陆数量和比例的模拟结果偏小。

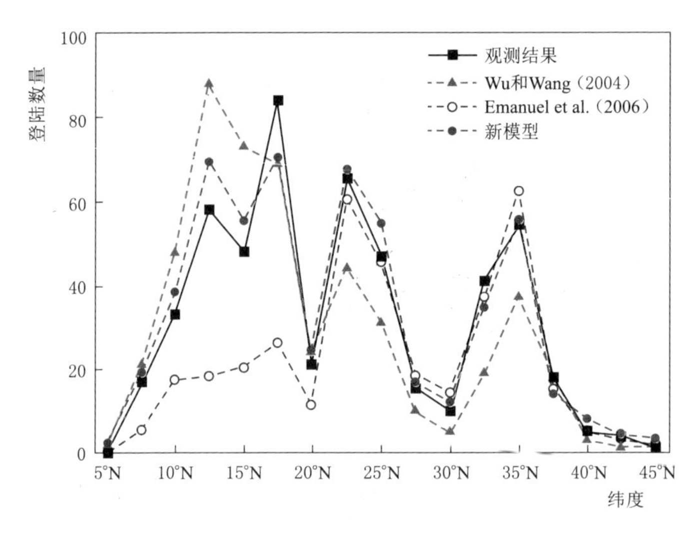

图 4.8　西北太平洋海域热带气旋登陆数量随纬度分布模拟结果与观测结果对比

4.6　小结

本章明确了环境气流的水平切变率是热带气旋运动的关键影响因素，推导并提出了合理反映环境气流对热带气旋运动影响的 β 漂移速度表达式，并以此为基础发展了一套兼具准确性和实用性的热带气旋路径模型。利用该路径模型模拟得到的西北太平洋和北大西洋海域热带气旋活动频率与观测结果吻合，展示了模型的准确性。

针对西北太平洋海域热带气旋活动频率、热带气旋盛行路径、热带气旋登陆数量及其随纬度分布等多个反映气候尺度热带气旋活动特征的典型问题，对比分析了不同β漂移计算方案的路径模型的模拟结果，发现本书提出的新模型能够更为合理地刻画气候尺度热带气旋活动特征，相比已有模型具有明显的优势。

上述结果充分说明了路径模型中合理考虑β漂移物理机制是十分必要的，以此为基础提出的模型将进一步应用于探究未来全球变暖条件下的西北太平洋海域热带气旋活动规律。

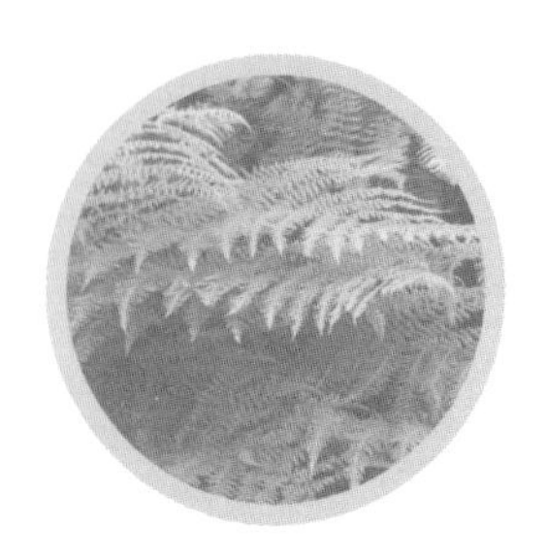

第5章 未来热带气旋活动特征及其影响

全球气候模式是气候研究的重要工具。经过几十年的发展历程，全球气候模式能够较为准确地刻画大气和海洋环流的基本特征，模型分辨率较之前有了明显提高（Taylor et al.，2012）。需要指出的是，全球气候模式对热带气旋活动的直接模拟仍存在很大的不确定性，全球气候模式很难精细刻画热带气旋的内部结构，对热带气旋物理和动力过程反映不充分，其模拟结果的可靠性从全球尺度到区域尺度降低（Murakami和Wang，2010；Murakami et al.，2011；Yokos et al.，2013；IPCC，2014；Walsh et al.，2016，2019）。为尽量减小不确定性的影响，有学者提出应采用描述气候尺度热带气旋活动特征的路径模型，结合全球气候模式21世纪预估试验中的大尺度环境因子模拟结果，对未来全球变暖条件下热带气旋活动规律进行探究（Wu和Wang，2004；Colbert et al. 2015）。然而，前人提出的路径模型均没有合理反映环境气流对热带气旋运动影响，所使用的β漂移速度经验公式都存在各自的适用范围。本书以第4章推导得出新的β漂移速度表达式为基础构建的热带气旋路径模型能够更为合理地刻画气候尺度热带气旋活动特征，相比前人模型具有明显优势。

本章利用热带气旋路径新模型，基于全球气候模式历史时段的数值模拟试验数据，模拟热带气旋活动特征并与观测结果进行比较，验证全球气候模式的适用性，并基于第2章和第3章中研究得出的全球和区域尺度热带气旋生成规律，合理给出未来气候变暖条件下热带气旋生成信息的输入设置，模拟不同温室气体排放情景下考虑热带极向扩张趋势前后的西北太平洋海域热带气旋活动变化特征，分析减少温室气体排放对热带气旋活动的影响，并预判未来全球变暖条件下西北太平洋热带气旋活动对我国的影响。通过对这些问题的探究，能够系统揭示未来全球变暖条件下西北太平洋海域热带气旋的活动规律，为防灾减灾工作提供科学参考。

5.1 全球气候模式适用性验证

全球气候模式的数值模拟试验包括对历史时段的数值模拟试验和对未来时段的预估试验两部分。为验证模式的适用性，需要利用历史时段的模拟试验数据，模拟热带气旋活动特征并与观测结果进行比较。在 CMIP5 设计的标准试验框架中，全球气候模式基于 RCP 情景开展 21 世纪预估试验。本章考虑 RCP8.5 和 RCP4.5 两种温室气体排放情景。其中，RCP8.5 情景表示 2100 年辐射强迫达到 8.5W/m^2，为温室气体高排放情景，该情景仅采取较低水平的气候变化应对举措；RCP4.5 情景表示 2100 年辐射强迫稳定在 4.5W/m^2，为中等温室气体排放情景，该情景采取了中等水平的气候变化应对举措（Taylor et al.，2012）。RCP 情景基本信息如表 5.1 所示。

表 5.1　CMIP5 未来预估试验的 RCP 情景基本信息

名　称	类　型	辐　射　强　迫	CO_2　浓　度	路径形态
RCP8.5	温室气体高排放情景	2100 年大于等于 8.5W/m^2	2100 年大于等于 1370ppm 当量	逐渐上升
RCP4.5	温室气体中等排放情景	2100 年稳定在 4.5W/m^2	2100 年稳定在 650ppm 当量	先上升后稳定

研究指出，单个全球气候模式具有不可忽视的系统偏差，多个全球气候模式平均结果与单个模式相比能够更好地反映气候变化趋势（Yokoi et al.，2013；陈晓晨 等，2014；Dong et al.，2015；Bell et al.，2019）。因此，本章采用三个全球气候模式的试验数据，计算多模式平均结果并进行交叉验证。三个全球气候模式包括来自加拿大气候模拟与分析中心的 CanESM2（Canadian Earth System Model version 2）、法国国家气象研究中心与欧洲科学计算研究中心的 CNRM CM5（Centre National de Recherches Meteorologiques Coupled Global Climate Model, version 5）和日本海洋与地球科学技术厅的 MIROC ESM CHEM（Model for Interdisciplinary Research on Climate - Earth System Model - Chemistry coupled version），全球气候模式基本信息如表 5.2 所示。需要指出的是，虽然引入更

表 5.2　全球气候模式基本信息

全球气候模式	所　属　机　构	来　源
CanESM2	加拿大气候模拟与分析中心	Arora et al.（2011）
CNRM CM5	法国国家气象研究中心与欧洲科学计算研究中心	Voldoire et al.（2013）
MIROC ESM CHEM	日本海洋与地球科学技术厅	Watanabeet al.（2011）

多全球气候模式得到的多模式平均结果在理论上具有更高的可靠度；本章以全球变暖条件下热带气旋活动的基本规律为研究目的，当基于三个全球气候模式计算得到的平均结果明显优于单个模式时，没有引入更多的全球气候模式。

全球气候模式对 RCP8.5 情景和 RCP4.5 情景下 21 世纪全球热带地区海表温度序列的预估结果分别如图 5.1 和图 5.2 所示。可以看出，RCP8.5 情景下，全球热带地区海表温度不断上升，各全球气候模式的平均升温幅度约为 3℃。模式之间存在差异，其中 MIROC ESM CHEM 预估得到的升温幅度较大，约为 3.5℃；CNRM CM5 升温幅度较小，约为 2.5℃。RCP4.5 情景下，全球热带地区海表温度先上升，然后在 21 世纪末期趋于稳定，各全球气候模式的平均升温幅度约为 1℃。各模式之间仍存在一定差异。整体而言，各全球气候模式预估得到的 21 世纪全球热带地区海表温度预估结果与对应的温室气体排放情景的辐射强迫形态是一致的。

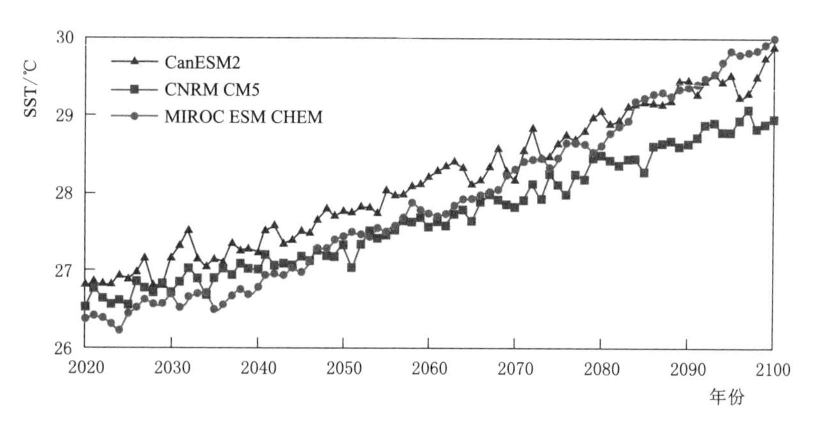

图 5.1　RCP8.5 情景下 2020—2100 年期间热带地区海表温度 SST 序列的预估结果

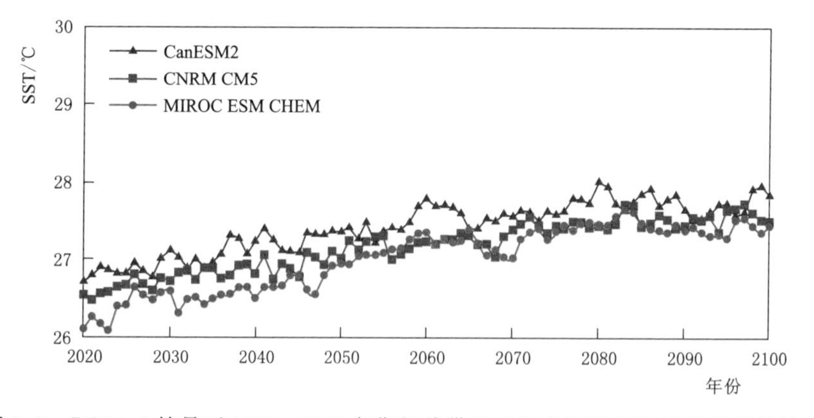

图 5.2　RCP4.5 情景下 2020—2100 年期间热带地区海表温度 SST 序列的预估结果

区域尺度气候系统还受到气候系统内部变率的显著影响。本书第 3 章已经证明，影响西北太平洋海域热带气旋生成的主要是赤道太平洋地区年代际尺度海表温度模态。当赤道太平洋地区海表温度呈类拉尼娜（La Niña - like）分布时，表现为赤道太平洋中东部海表温度异常降温，海表温度距平为负，引起沃克环流局部加强，西北太平洋海域东部低纬度地区大气涡度显著减小，热带气旋生成数量较少，生成位置偏向西北；海表温度模态呈类厄尔尼诺（El Niño - like）分布时，表现为赤道太平洋中东部海表温度异常增温，海表温度距平为正，影响效果相反。

研究表明，21 世纪气候模态特征与历史气候模态是一致的，典型气候模态仍将是影响区域尺度气候系统的主要因素（IPCC，2014）。参照 IPCC 给出的气候变化研究结果，本章重点关注 21 世纪末期（2081—2100 年）的气候系统状态及热带气旋特征。各全球气候模式对 RCP8.5 情景下 21 世纪末期太平洋地区海表温度距平（相对于 21 世纪的气候平均）预估结果如图 5.3 所示。可以发现，各全球气候模式均预估得到 RCP8.5 情景下赤道太平洋地区海表温度距平为正，海表温度模态呈类厄尔尼诺分布，处于暖相位。各全球气候模式对 RCP4.5 情景下海温模态的预估结果存在差异。如图 5.4 所示，CanESM2 和 MIROC ESM CHEM 预估得到 RCP4.5 情景下的赤道太平洋地区海表温度距平为正，海表温度模态呈类厄尔尼诺分布，而 CNRM CM5 预估得到 RCP4.5 情景下的赤道太平洋地区海表温度距平为负，海表温度模态呈类拉尼娜分布。各全球气候模式对 21 世纪末期赤道太平洋地区海表温度模态预估结果汇总于表 5.3，海表温度模态相位将作为路径模型关于热带气旋生成信息输入设置的主要依据。

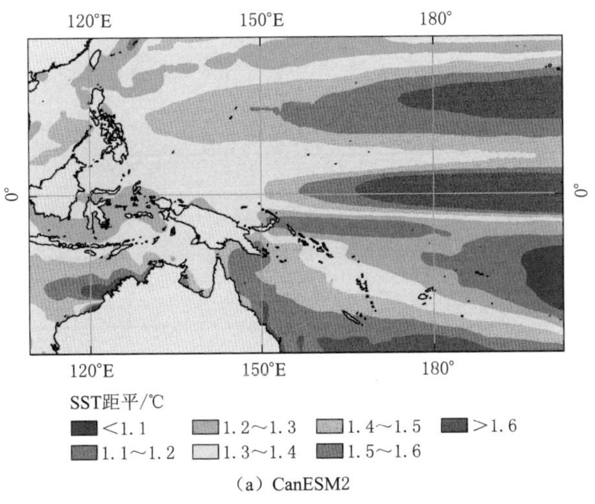

(a) CanESM2

图 5.3（一） RCP8.5 情景下 2081—2100 年期间太平洋地区海表温度 SST 距平预估结果

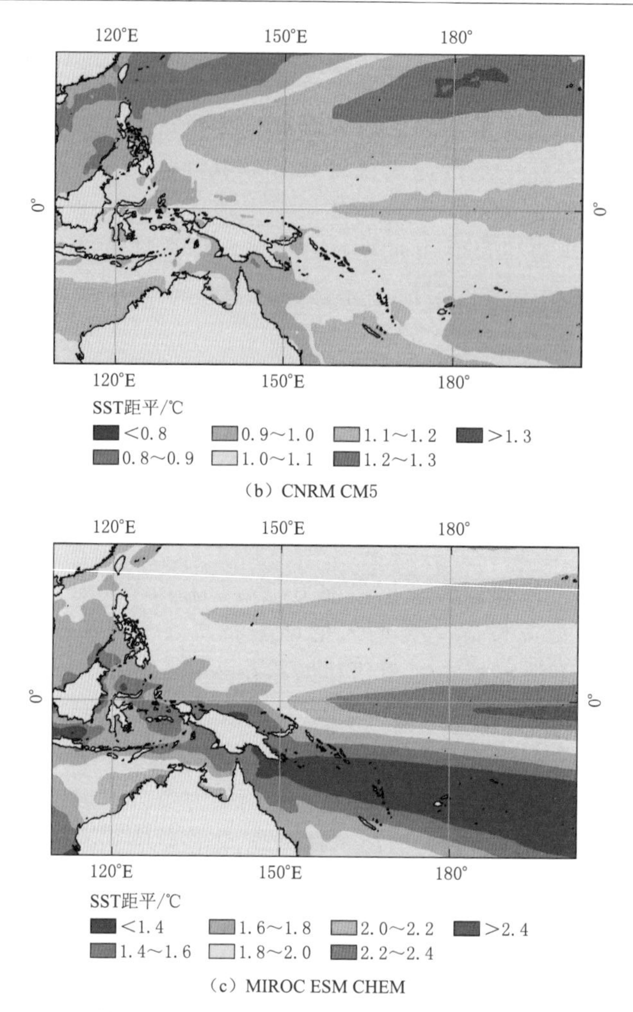

（b）CNRM CM5

（c）MIROC ESM CHEM

图 5.3（二）　RCP8.5 情景下 2081—2100 年期间太平洋地区海表温度 SST 距平预估结果

表 5.3　　2081—2100 年赤道太平洋地区海表温度模态的预估结果

全球气候模式	RCP8.5 情景	RCP4.5 情景
CanESM2	类厄尔尼诺	类厄尔尼诺
CNRM CM5	类厄尔尼诺	类拉尼娜
MIROC ESM CHEM	类厄尔尼诺	类厄尔尼诺

全球气候模式历史时段的数值模拟试验数据时间范围为 1850—2005 年。综合考虑热带气旋观测数据可靠性及其活动变化特征，将 1979—1998 年（共计 20 年）期间的全球气候模式历史模拟试验数据作为输入，采用第 4 章提出的路径模型模拟得到热带气旋活动特征，将其与观测结果进行比较，以对全球气候模

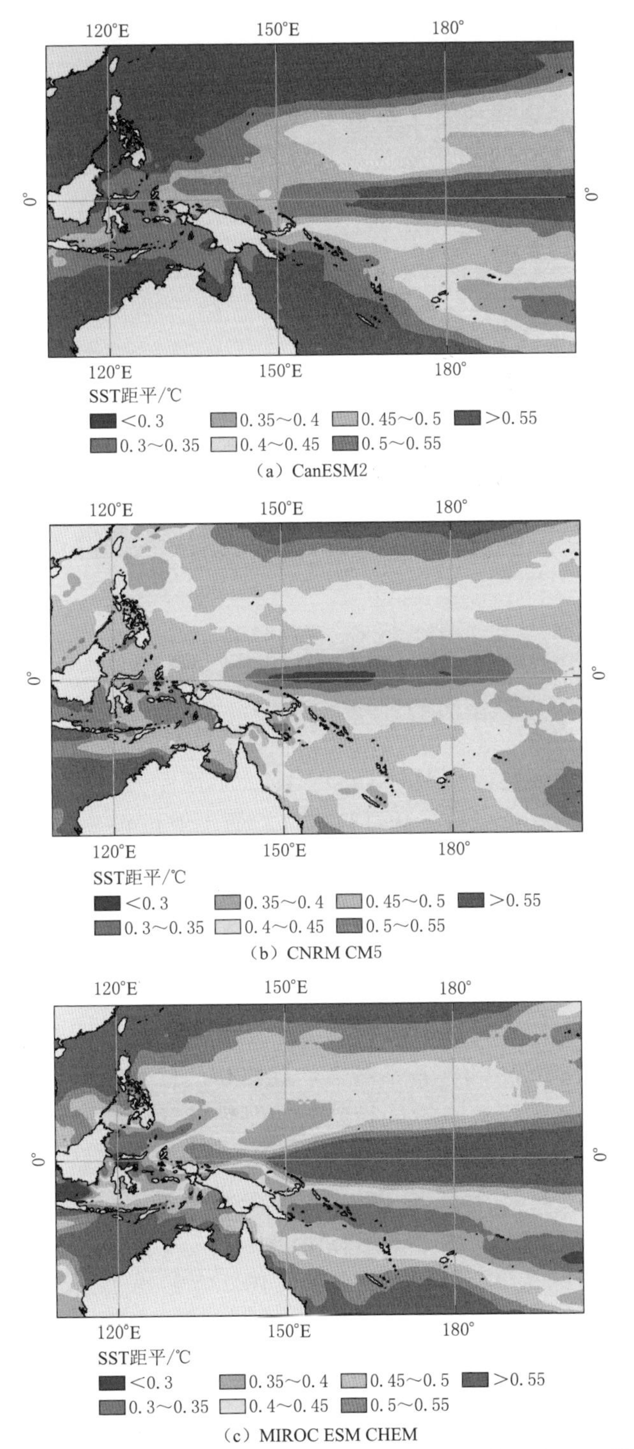

(a) CanESM2

(b) CNRM CM5

(c) MIROC ESM CHEM

图 5.4 RCP4.5 情景下 2081—2100 年期间太平洋地区海表温度 SST 距平预估结果

式的适用性进行验证。

图5.5给出了1979—1998年期间西北太平洋海域热带气旋活动频率的观测结果。热带气旋活动频率的定义与第4章保持一致，热带气旋的频率越高，则表示研究时间范围内经过该网格区域的热带气旋越多，热带气旋活动越活跃。热带气旋数据来源于IBTrACS数据集（Knapp et al.，2010）。

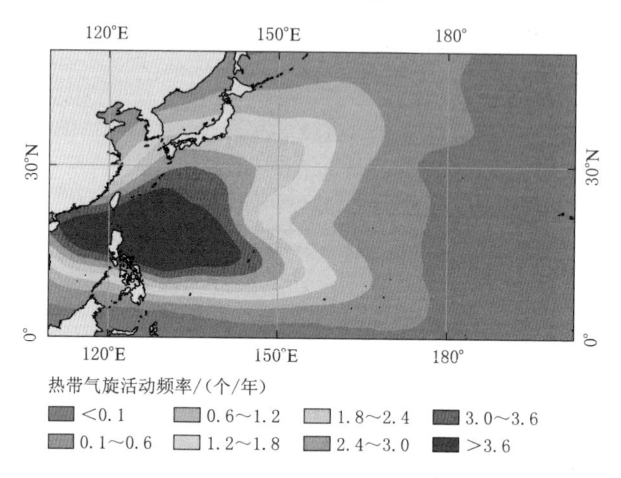

图5.5　1979—1998年期间西北太平洋海域热带气旋活动频率的观测结果

采用第4章提出的路径模型对1979—1998年西北太平洋海域全部热带气旋路径进行计算。与第4章保持一致，热带气旋的生成位置及对应时刻来源于IBTrACS数据集，热带气旋的后续路径由其生命周期内各个时刻的运动速度唯一确定。具体计算过程中，将热带气旋运动速度分为大尺度环境引导气流速度和β漂移速度两部分。为验证全球气候模式的适用性，引导气流速度基于全球气候模式历史模拟试验风场数据进行计算，β漂移速度采用式（4.12）和式（4.13）进行计算，其中环境气流的水平切变率基于全球气候模式历史模拟试验风场数据计算，计算时间步长为6h。基于热带气旋路径的计算结果，得到研究时间范围内经过各空间网格区域的热带气旋数量，即热带气旋活动频率模拟结果。图5.6给出了西北太平洋海域热带气旋活动频率的各模型模拟结果。整体而言，基于各模式模拟得到的热带气旋活动频率空间分布与观测结果较为吻合，CanESM2、CNRM CM5和MIROC ESM CHEM三个全球气候模式对应的相关系数分别为$r=0.91$、$r=0.91$和$r=0.93$。图5.7给出了西北太平洋海域热带气旋活动频率的各模型模拟结果与观测结果之差，可以发现模拟结果仍然与观测结果存在一定差异，各模型模拟得到的热带气旋活动频率分布在较低纬度地区偏大，并且基于CanESM2模拟得到的热带气旋活动频率在较高纬度地区略有偏大，这反映了各全球气候模式系统偏差的影响。进一步计算三个全球气候模

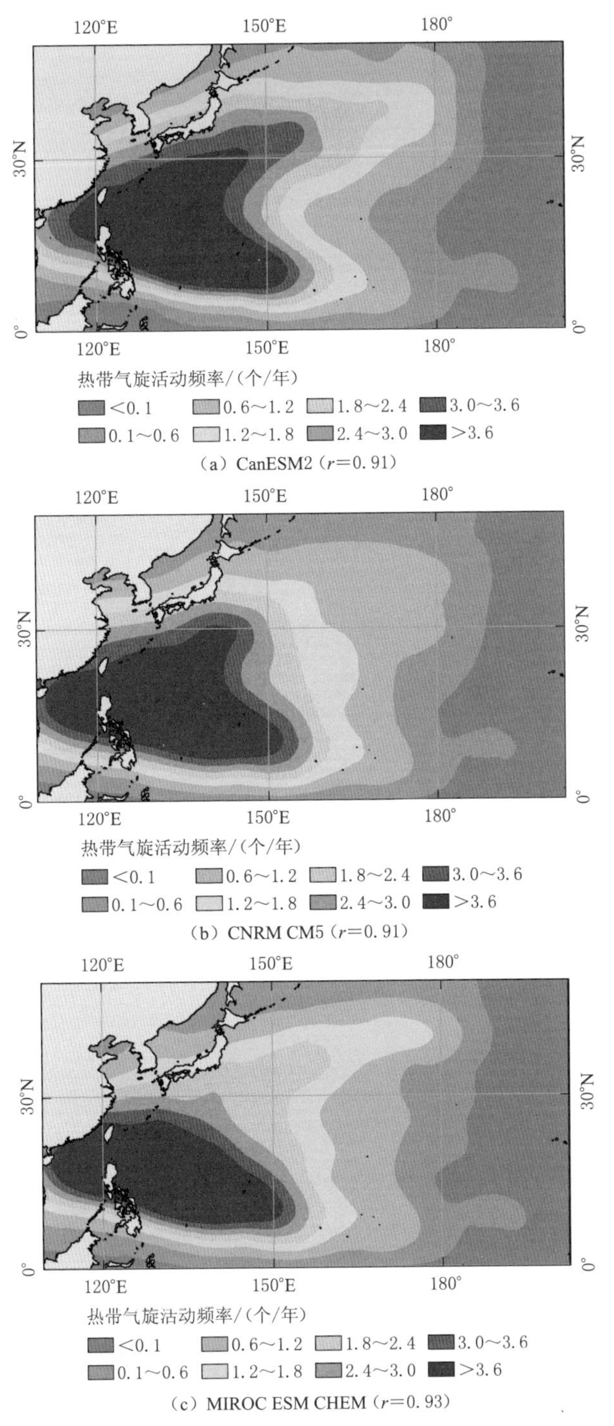

图 5.6　西北太平洋海域热带气旋活动频率的各模型模拟结果

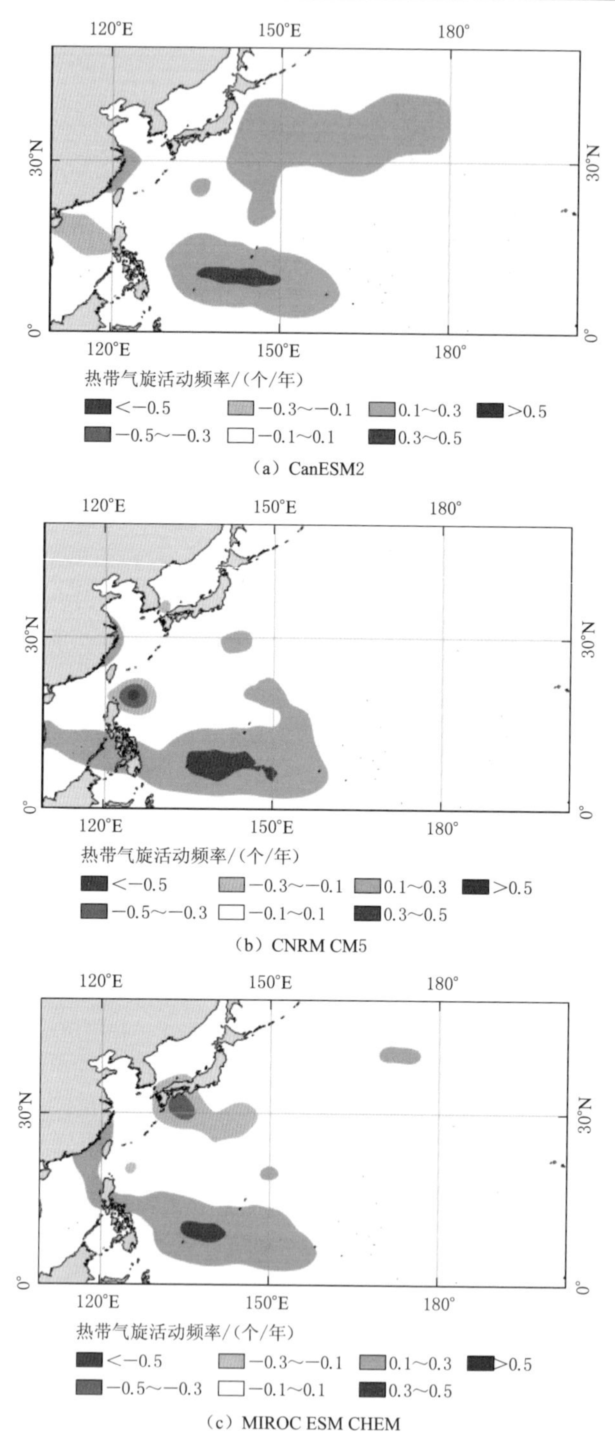

(a) CanESM2

(b) CNRM CM5

(c) MIROC ESM CHEM

图5.7 西北太平洋海域热带气旋活动频率的各模型模拟结果与观测结果之差

式的平均结果及其与观测结果之差，如图 5.8 和图 5.9 所示。结果表明，热带气旋活动频率平均模拟结果与观测结果更为吻合，相关系数 $r=0.95$。可见，基于三个全球气候模式的平均模拟结果，一定程度上减小了模式系统偏差的影响。

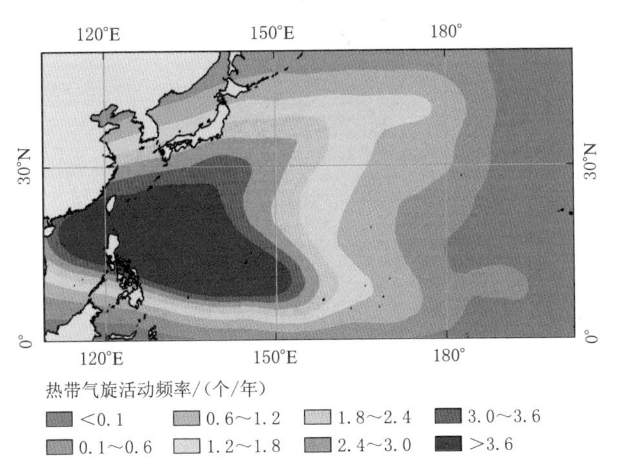

图 5.8 西北太平洋海域热带气旋活动频率的平均模拟结果（$r=0.95$）

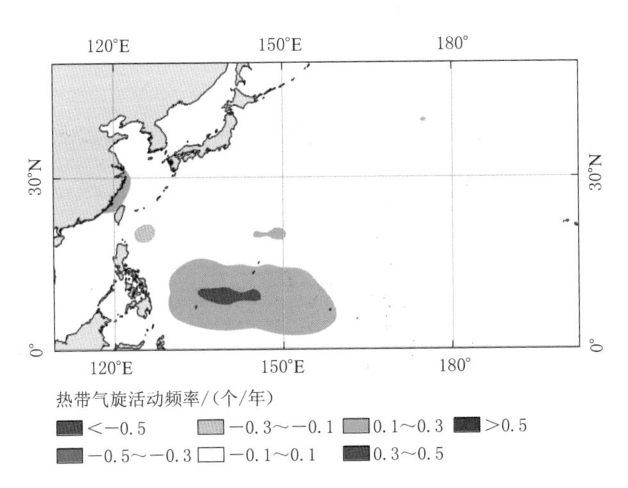

图 5.9 西北太平洋海域热带气旋活动频率的平均模拟结果与观测结果之差

基于全球气候模式历史模拟试验数据，模拟热带气旋盛行路径，并与观测结果进行比较，以进一步对全球气候模式的适用性进行验证。与第 4 章保持一致，采用 Colbert et al.（2015）的方法计算得到三类热带气旋盛行路径，第 1 类为西-西北方向直行 SM 路径，第 2 类为西北方向转向登陆 RL 路径，第 3 类为西北方向转向东北开阔海域 RO 路径。图 5.10 给出了盛行路径平均形状的各

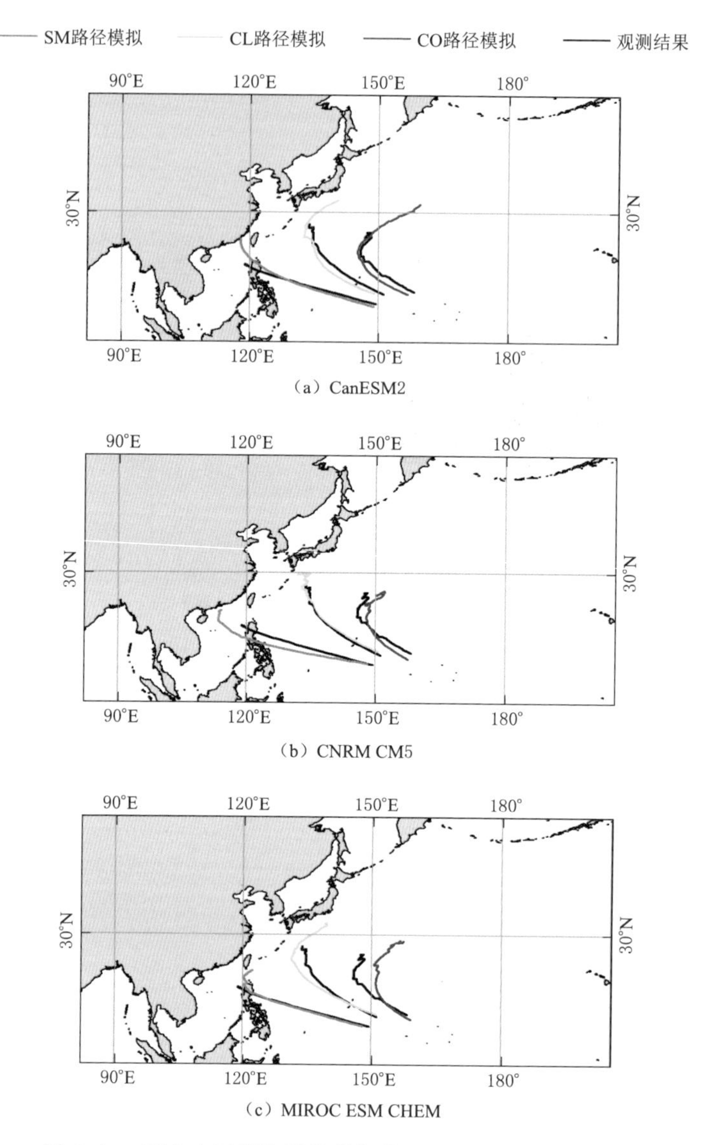

图 5.10　西北太平洋海域热带气旋盛行路径平均形状的各模式模拟结果与观测结果对比

模式模拟结果与观测结果的对比。结果表明，基于各模式模拟得到的盛行路径形状特征与观测结果基本吻合，不过仍然存在一定差异。根据表 5.4 给出的各盛行路径类别热带气旋数量，基于 CanESM2 模拟得到的呈 SM 路径的热带气旋数量计算结果较观测结果偏少，基于 CNRM CM5 模拟得到的呈 SM 路径的热带气旋数量偏多，SM 路径模拟结果相比观测结果向低纬度一侧偏移；基于

MIROC ESM CHEM 模拟得到呈 CO 路径的热带气旋数量偏少，CO 路径模拟结果相比观测结果向东侧偏移。进一步，计算三个全球气候模式的平均结果，如图 5.11 和表 5.4 所示，盛行路径形状和数量特征的平均模拟结果与观测结果更为吻合，能够改善基于单个模式的模拟效果。

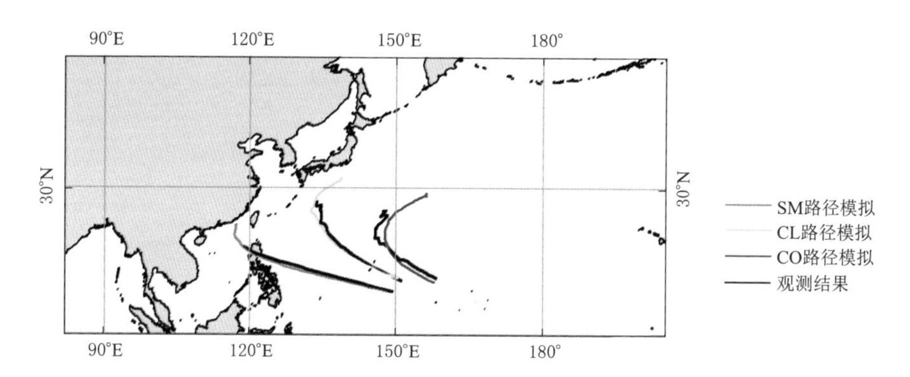

图 5.11　西北太平洋海域热带气旋盛行路径的平均模拟结果与观测结果对比

表 5.4　　西北太平洋海域各盛行路径类别热带气旋数量

类　型	SM 路径	CL 路径	CO 路径	未分类
观测结果	90	116	81	0
CanESM2	76	106	105	0
CNRM CM5	105	95	84	3
MIROC ESM CHEM	98	121	68	0
平均模拟结果	93	107	86	1

热带气旋登陆后常给沿海地区带来严重影响，热带气旋登陆问题一直备受关注（Park et al.，2014；Walsh et al.，2016）。基于全球气候模式历史模拟试验数据，对热带气旋登陆数量进行模拟，并与观测结果进行比较。表 5.5 给出热带气旋登陆数量及比例。结果表明，基于 CNRM CM5 和 MIROC ESM CHEM 得到的热带气旋登陆数量模拟结果与观测结果接近，而基于 CanESM2 的登陆数量模拟结果偏小。图 5.12 给出了基于各模式模拟得到的登陆数量随纬度的分布，及与观测结果的对比，各模式的模拟结果与观测结果基本吻合，能够较好地刻画出登陆数量的三个极大值的纬度位置，CanESM2、CNRM CM5 和 MIROC ESM CHEM 对应的相关系数分别为 $r=0.90$、$r=0.87$ 和 $r=0.90$。进一步，计算三个模式的平均结果，如图 5.13 所示；结果表明，登陆数量随纬度分布的平均模拟结果与观测结果更为吻合，相关系数 $r=0.93$，平均模拟结果能够较为精确地刻画出登陆数量的三个极大值位置和大小。

表 5.5　西北太平洋海域热带气旋登陆数量及比例的观测结果与模拟结果

类　型	登陆数量	登陆比例/%
观测结果	275	53.9
CanESM2	219	42.9
CNRM CM5	289	56.7
MIROC ESM CHEM	262	51.4
平均模拟结果	257	50.3

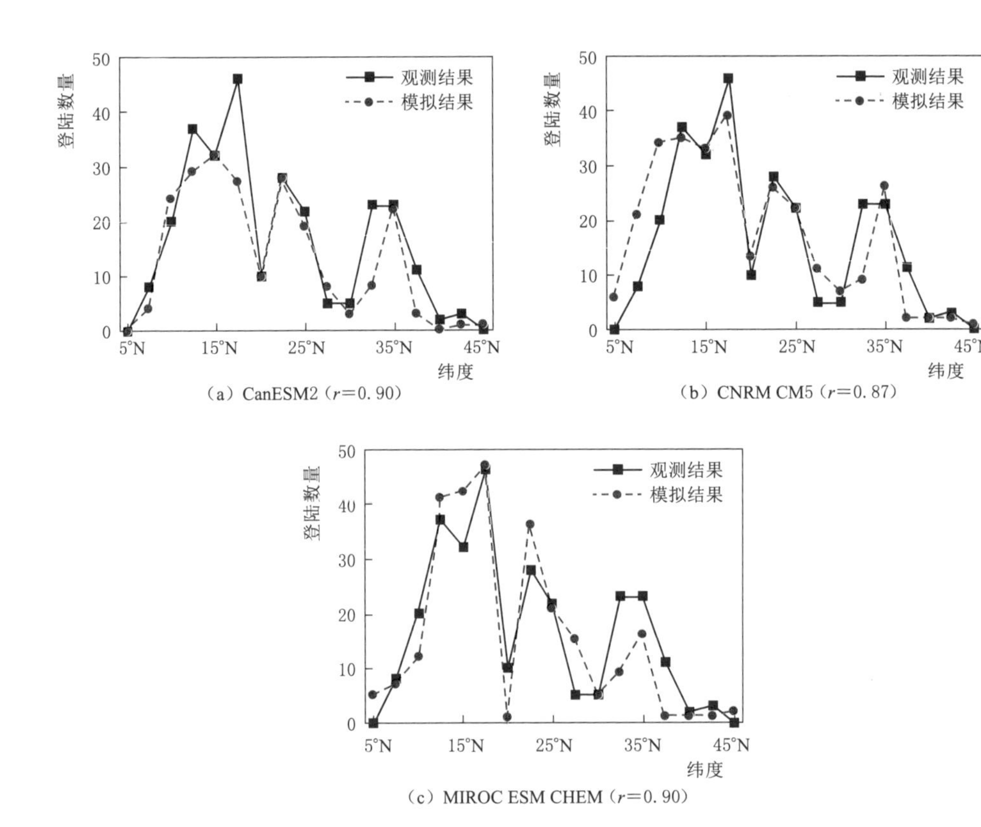

图 5.12　热带气旋登陆数量随纬度分布的各模型模拟结果与观测结果对比

本节基于三个全球气候模式的历史模拟试验数据，利用路径模型计算得到热带气旋路径，针对热带气旋活动频率、盛行路径和登陆数量等反映气候尺度热带气旋活动特征的典型问题，进行计算模拟并与观测结果进行对比。结果表明，基于各模式的模拟结果能够较为合理地反映热带气旋的气候尺度活动特征，三个模式平均模拟结果与观测结果更为吻合，一定程度上减小了各模式系统偏差的影响。

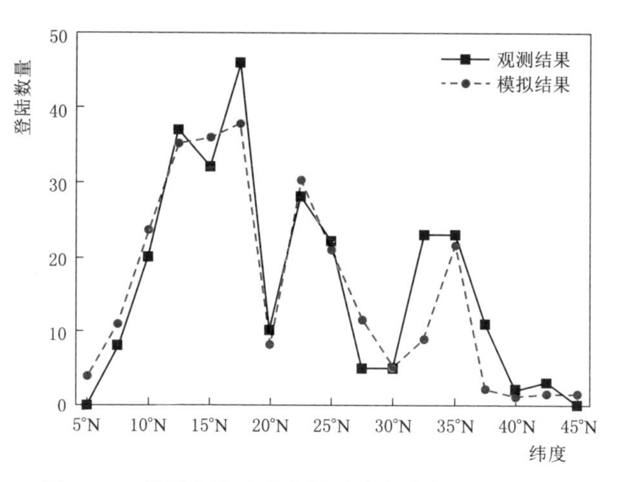

图 5.13　热带气旋登陆数量随纬度分布的观测结果与平均模拟结果对比（$r=0.93$）

5.2　未来全球变暖条件下热带气旋的活动特征

本节基于热带气旋路径模型模拟 21 世纪末期热带气旋活动特征，首先给出模型计算设置，然后分别给出热带气旋活动频率、盛行路径和登陆的模拟结果分析。

1. 模型计算设置

研究表明，在全球变暖条件下，21 世纪末期全球尺度热带气旋的生成频数可能会减小或者基本不变，对于西北太平洋海域热带气旋的生成频数，不同研究结果的结论不一致（Walsh et al.，2019）。学者通常对热带气旋生成采取简化处理的方式，如直接使用均匀分布密度函数或构建基于历史观测的时空分布密度函数（Wu 和 Wang，2004；Emanuel et al.，2006；Hall 和 Jewson，2007）。前文指出，西北太平洋海域热带气旋年代际尺度生成数量和位置变化受到赤道太平洋地区年代际尺度海表温度模态变化的显著影响。当海表温度模态处于冷相位，海表温度呈类拉尼娜分布，表现为赤道太平洋中东部海表温度异常降温，导致沃克环流局部加强，西北太平洋海域东部热带地区涡度显著减小，热带气旋生成位置整体偏向西北，热带气旋生成月份主要集中在 8 月，热带气旋生成数量较少；当海表温度模态处于暖相位，海表温度呈类厄尔尼诺分布，表现为赤道太平洋中东部海表温度异常增温，热带气旋生成位置整体偏向东南，热带气旋生成月份主要集中在 9 月，热带气旋生成数量较多。基于上述认识，考虑到全球变暖对西北太平洋海域热带气旋生成数量的影响缺乏明确结论，依据赤道太平洋地区年代际尺度海表温度模态相位，给出热带气旋生成信息输入设置。

各全球气候模式均预估得到RCP8.5情景下赤道太平洋地区海表温度模态处于暖相位，呈类厄尔尼诺分布。基于历史观测资料，构建得到海表温度呈类厄尔尼诺分布对应的西北太平洋海域热带气旋生成密度分布，如图5.14所示。该生成密度分布同时考虑了海表温度模态对热带气旋生成频数和空间位置的影响。将西北太平洋海域划分为2.5°×2.5°的网格，范围为0°～30°N、100°～180°E，这一范围覆盖了绝大多数历史热带气旋生成位置。为保证热带气旋生成内在的随机性，在得到生成密度函数后，在每一个网格内部给出一定数量的热带气旋生成的随机位置，使其满足生成函数，由此得到热带气旋生成数量和位置。

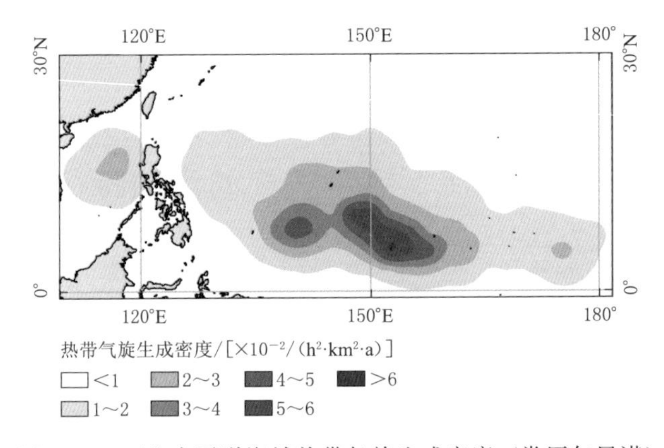

图5.14　西北太平洋海域热带气旋生成密度（类厄尔尼诺）

类似地，依据海表温度模态对热带气旋生成月份的影响，基于历史观测资料构建得到海表温度呈类厄尔尼诺分布对应的西北太平洋海域热带气旋生成逐月分布，如图5.15所示。每个月内采用均一分布函数进行热带气旋生成时间的随机抽样，并将所有热带气旋生成样本均匀分布到每个年份，由此得到热带气旋生成时间。基于上述方法得到的类厄尔尼诺分布下的西北太平洋海域热带气旋生成信息，与历史观测资料中对应模态的热带气旋具有一致的平均频数、空间分布和逐月分布，较为合理地反映了海表温度模态对热带气旋生成的影响。

将得到的热带气旋生成信息作为初始条件输入到路径模型中，热带气旋的后续路径由其生命周期内各个时刻的运动速度唯一确定。其中，引导气流速度基于RCP8.5情景下全球气候模式的21世纪预估试验风场数据计算，β漂移速度采用式（4.12）和式（4.13）计算，环境气流的水平切变率基于RCP8.5情

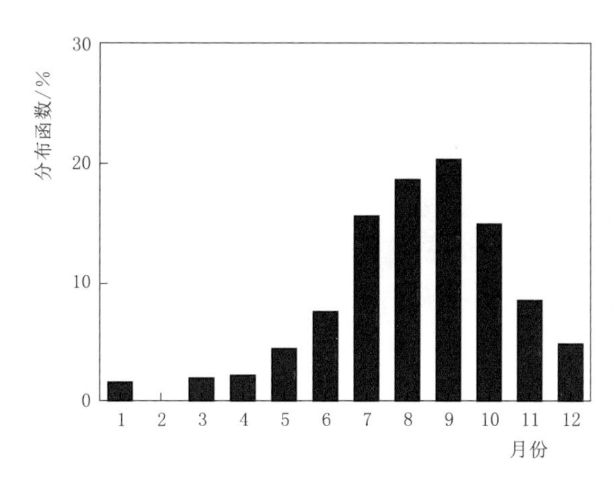

图 5.15 西北太平洋海域热带气旋生成逐月分布（类厄尔尼诺）

景下全球气候模式的 21 世纪预估试验风场数据计算，计算时间步长为 6h。

2. 热带气旋活动频率

全球变暖条件下西北太平洋海域热带气旋活动的变化特征，可通过 21 世纪末期（2018—2100 年）热带气旋活动模拟结果与历史时段（1979—1998 年）对比得到，其中历史时段的结果采用基于历史模拟试验数据的模拟结果，以减小模式系统偏差对结果的影响。如图 5.16 所示，基于各模式的 RCP8.5 情景下 21 世纪末期热带气旋活动频率变化特征具有明显的一致性，热带气旋活动频率在 150°E 西侧低纬度地区附近减小，并在该区域的北侧增加，同时高纬度地区减小，整体变化幅度较小。不过，热带气旋活动频率变化的绝对位置存在差异，基于 MIROC ESM CHEM 的热带气旋活动频率变化模拟结果较 CanESM2 偏向低纬度一侧，这与前文中指出的基于 MIROC ESM CHEM 的热带气旋活动频率模拟结果相比 CanESM2 偏向低纬度是一致的，与模式系统偏差有关。进一步计算三个全球气候模式的平均结果，如图 5.17 所示，热带气旋活动频率变化特征与各模式的模拟结果是一致的。整体而言，基于三个全球气候模式的热带气旋活动频率变化模拟结果具有较好的一致性，为了便于表述一般性变化规律，本节后续只给出平均模拟结果。

3. 热带气旋盛行路径

如表 5.6 所示，呈 SM 和 CL 路径的热带气旋数量略有增加，所占比例分别增加 1.7%和 1.1%；呈 CO 路径的热带气旋数量略有减少，所占比例减小 2.8%。如图 5.18 所示，盛行路径形状和位置相比历史试验模拟结果几乎无变化。也就是说，RCP8.5 情景下 21 世纪末期西北太平洋海域热带气旋盛行路径的数量特征略有改变，形状特征几乎无变化，其数量变化特征与前人研究结果一致（Wu 和 Wang，2004；Colbert et al.，2015）。

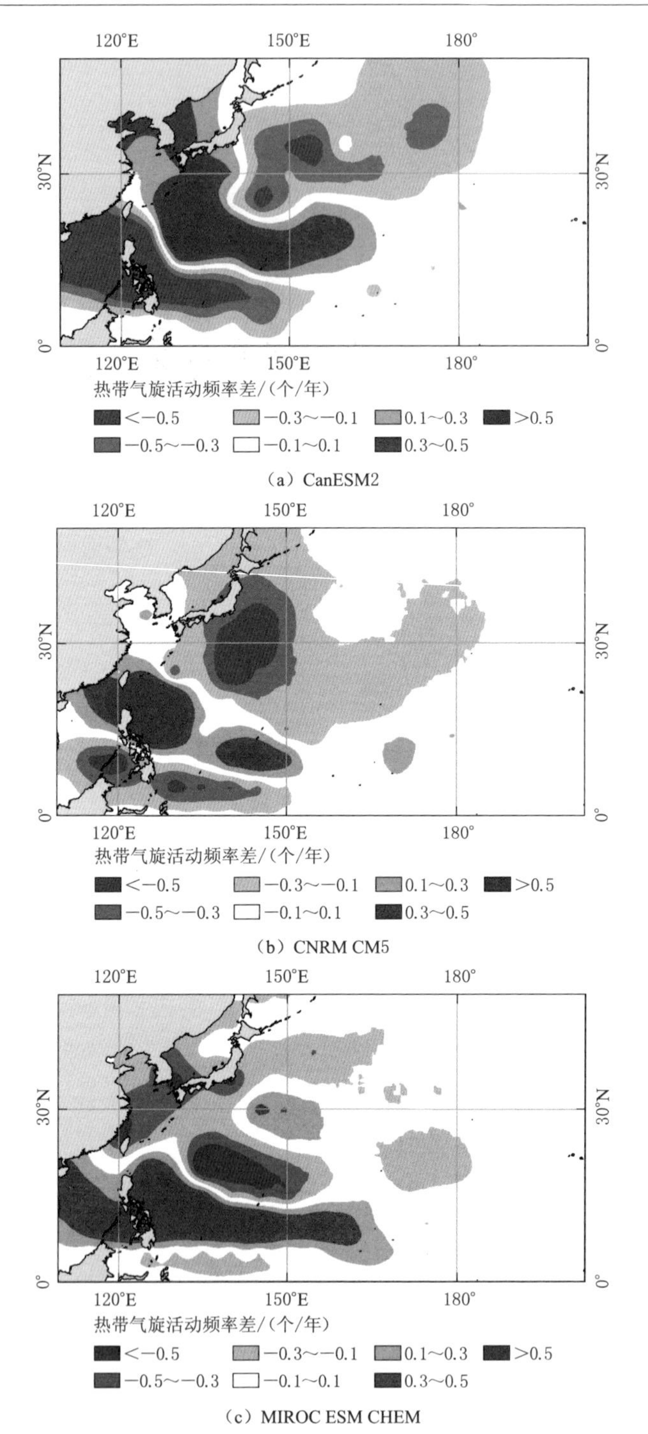

（a）CanESM2

（b）CNRM CM5

（c）MIROC ESM CHEM

图 5.16　RCP8.5 情景下 2081—2100 年期间西北太平洋海域热带气旋活动频率变化（相比于历史试验模拟结果）的各模式模拟结果

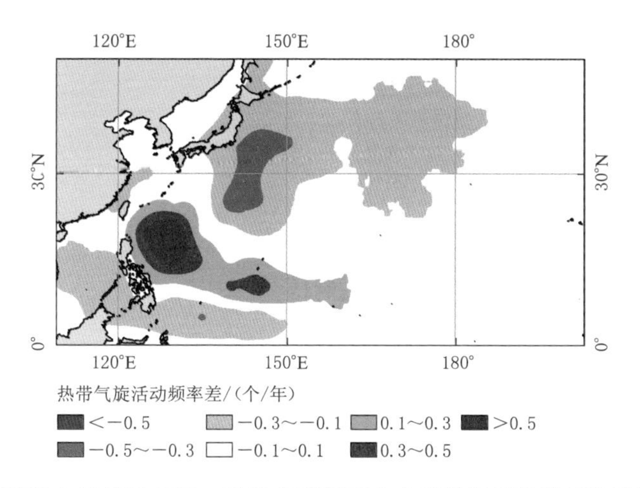

图 5.17　RCP8.5 情景下 2081—2100 年期间西北太平洋海域热带气旋活动频率变化（相比于历史试验模拟结果）的平均模拟结果

表 5.6　RCP8.5 情景下 2081—2100 年期间西北太平洋海域热带气旋各盛行路径类别热带气旋数量及其比例变化(相比于历史试验模拟结果)的平均模拟结果

统计量	SM 路径	CL 路径	CO 路径	未分类
数量	98	109	78	1
比例变化/%	1.7	1.1	−2.8	—

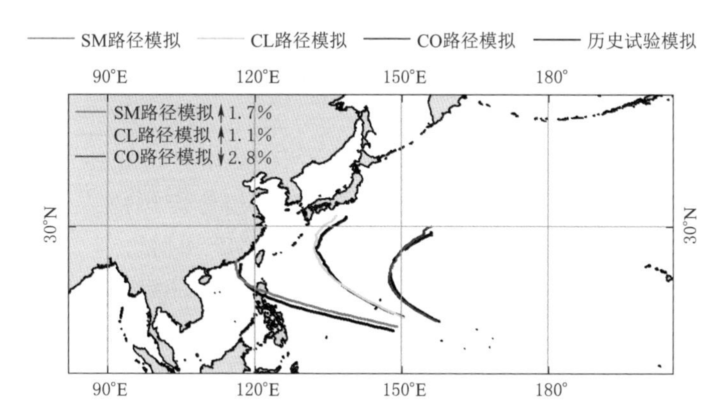

图 5.18　RCP8.5 情景下 2081—2100 年期间西北太平洋海域热带气旋盛行路径的平均模拟结果与历史试验模拟结果对比

4. 热带气旋登陆

如图 5.19 所示，热带气旋登陆数量仍然在 12.5°～17.5°N 区间、22.5°N 和 35°N 处达到极大值，分别对应菲律宾群岛、中国东部沿海地区和日本岛等区域。

热带气旋登陆数量在 17.5°N 和 22.5°N 附近增加，分别对应菲律宾群岛北部和我国东部沿海地区；在 15°N 附近减少，对应菲律宾群岛南部，这与 SM 路径向北偏移以及 CL 路径向南偏移的现象是一致的。

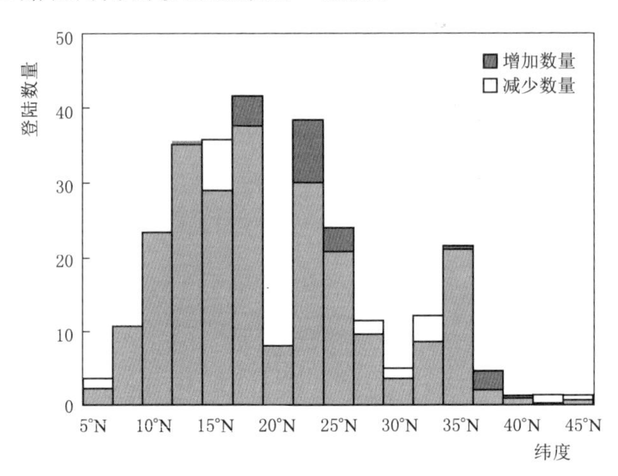

图 5.19　RCP8.5 情景下 2081—2100 年期间西北太平洋海域热带气旋登陆数量随纬度分布变化（相比于历史试验模拟结果）的平均模拟结果

5.3　热带极向扩张对热带气旋活动的影响

本节探究热带极向扩张对热带气旋活动规律的影响，首先说明模型计算设置，然后分别给出热带气旋活动频率、盛行路径和登陆的模拟结果分析。

1. 模型计算设置

为研究热带极向扩张对热带气旋活动规律的影响，计算各全球气候模式对 RCP8.5 情景下 21 世纪北半球热带极向扩张平均趋势的预估结果。如表 5.7 所示，热带极向扩张趋势将在 21 世纪持续，CanESM2 预估得到 21 世纪热带极向扩张平均趋势为 0.40°/10a，MIROC ESM CHEM 预估结果为 0.55°/10a，CNRM CM5 预估结果较小，为 0.17°/10a。热带边缘依据（Hu 和 Fu，2007）采用向外长波辐射 Γ_{Top}的高值带进行定义。本书第 2 章已经证实，全球范围内热带气旋生成位置极向移动的长期趋势与热带极向扩张有关，表现为热带气旋生成位置极向移动的长期趋势与热带边缘纬度序列具有较好的相关性。考虑到热带气旋生成纬度受到热带极向扩张的显著影响，可近似认为 21 世纪二者极向移动平均趋势相等，计算得到叠加极向移动趋势后的 21 世纪末期热带气旋生成位置，作为初始条件输入到热带气旋路径模型进行计算。模型其他设置与 5.2 节保持一致。

表 5.7 RCP8.5 情景下 21 世纪北半球热带极向扩张平均趋势的预估结果

全球气候模式	热带极向扩张趋势/(°/10a)	全球气候模式	热带极向扩张趋势/(°/10a)
CanESM2	0.40	MIROC ESM CHEM	0.55
CNRM CM5	0.17		

2. 热带气旋活动频率

选择历史时段（1979—1998 年）作为参照，将考虑热带极向扩张趋势后 21 世纪末期（2018—2100 年）热带气旋活动模拟结果减去基于历史模拟试验数据的模拟结果，得到考虑热带极向扩张趋势后 RCP8.5 情景下 21 世纪末期热带气旋活动变化特征，并与 5.3 小节中未考虑热带极向扩张趋势时的热带气旋活动变化特征进行对比，分析得到热带极向扩张的影响。如图 5.20 所示，西北太平洋海域热带气旋活动频率出现明显的极向移动，热带气旋活动频率在低纬度地区减小，在高纬度地区增加，变化幅度远大于不考虑热带扩张趋势时的模拟结果。

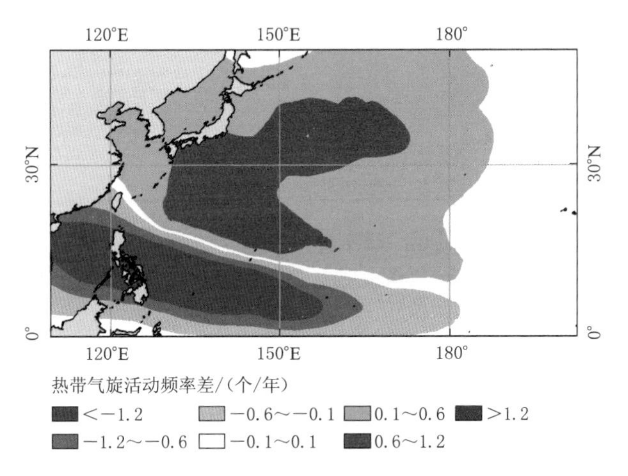

图 5.20 考虑热带极向扩张趋势后 RCP8.5 情景下 2081—2100 年期间西北太平洋海域热带气旋活动频率变化（相比于历史试验模拟结果）的平均模拟结果

图 5.21 给出的各模式的热带气旋活动频率模拟结果用于交叉验证。结果表明，基于各模式的热带气旋活动频率变化特征具有较好的一致性，热带气旋活动频率均出现明显的极向移动。不过，热带气旋活动频率的变化幅度存在一定差异，相比其他两个模式，基于 CNRM CM5 模拟得到的热带气旋活动频率极向移动较小，这与 CNRM CM5 预估得到的热带极向扩张趋势较小有关。平均模拟结果及各模式结果均表明，考虑热带极向扩张趋势后，RCP8.5 情景下 21 世纪末期西北太平洋海域热带气旋活动频率极向移动明显，这一变化特征与不考虑

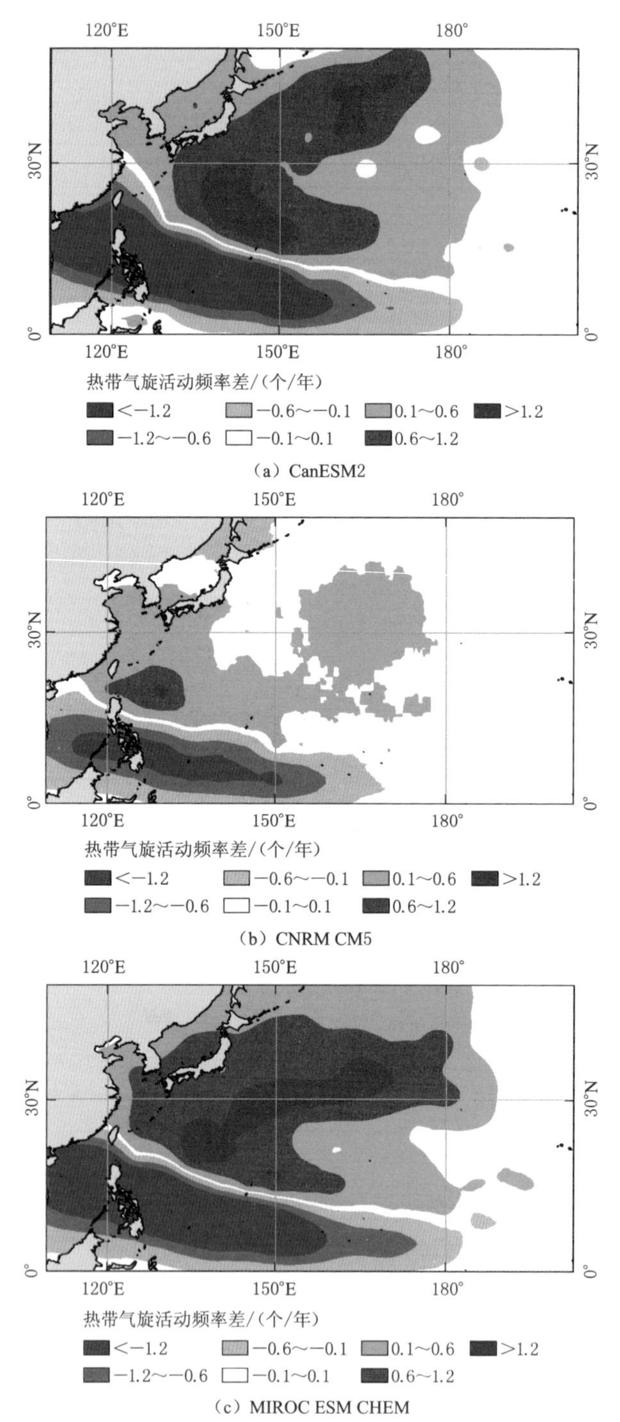

图 5.21　考虑热带极向扩张趋势后 RCP8.5 情景下 2081—2100 年期间西北太平洋海域热带气旋活动频率变化（相比于历史试验模拟结果）的各模式模拟结果

热带极向扩张趋势时的模拟结果具有明显差异。可以得到，全球变暖条件下，热带极向扩张趋势将在21世纪持续，引起热带气旋生成位置的极向移动，从而导致热带气旋活动频率极向移动。为便于表述一般性变化规律，本小节后续只给出平均模拟结果。

3. 热带气旋盛行路径

如表5.8所示，呈SM路径的热带气旋数量明显减少，所占比例减小16.8%，而呈CL和CO路径的热带气旋数量明显增加，所占比例分别增加6.0%和10.8%，这与热带气旋活动频率在低纬度地区减小而在高纬度地区增加是一致的。如图5.22所示，三类盛行路径均出现明显的极向偏移，可以发现这是由热带气旋生成位置的极向移动所致。究其原因，大尺度环流作用下，环境引导气流速度在低纬度时向西、在高纬度时向东，而热带气旋生成位置随热带极向扩张出现极向移动，使得热带气旋处于低纬度东风带的时间大大缩短，甚至一些热带气旋直接移出，导致向西直行的热带气旋减少，向西北方向运动的热带气旋增多，热带气旋路径出现明显的极向移动。

表5.8 考虑热带极向扩张趋势后RCP8.5情景下2081—2100年期间西北太平洋海域热带气旋各盛行路径类别热带气旋数量及其比例变化（相比于历史模拟结果）的平均模拟结果

统计量	SM路径	CL路径	CO路径	未分类
数量	45	124	116	1
比例变化/%	−16.8	6.0	10.8	—

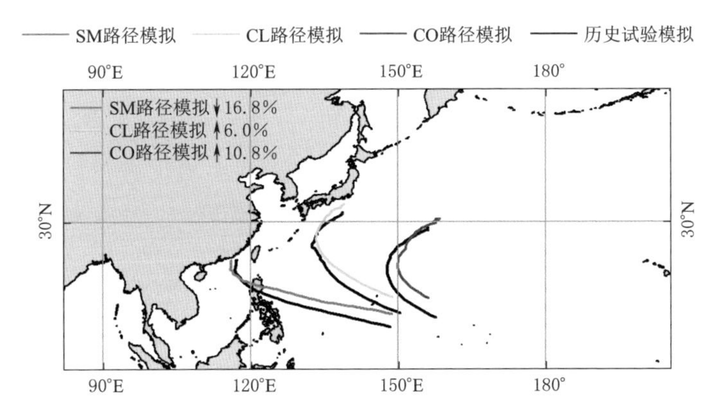

图5.22 考虑热带极向扩张趋势后RCP8.5情景下2081—2100年期间西北太平洋海域热带气旋盛行路径的平均模拟结果与历史试验模拟结果对比

4. 热带气旋登陆

如图5.23所示，RCP8.5情景下21世纪末期西北太平洋海域热带气旋登陆数量仍然在12.5°～17.5°N区间，且在22.5°N和35°N处达到极大值。热带气旋登陆出现明显的极向移动，热带气旋登陆数量在5°～17.5°N处减少，对应菲律宾群岛，这与呈SM路径的热带气旋数量减少有关。热带气旋登陆数量在20°～37.5°N处明显增加，将对我国东部沿海、北部沿海地区，日本和韩国造成更大的影响，与呈CL路径的热带气旋数量增加有关。

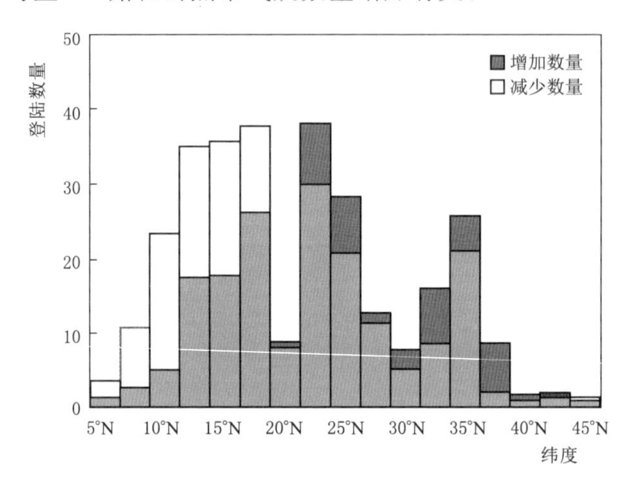

图5.23　考虑热带极向扩张趋势后RCP8.5情景下2081—2100年期间西北太平洋海域热带气旋登陆数量随纬度分布变化（相比于历史试验模拟）的平均模拟结果

5.4　减少温室气体排放对热带气旋活动的影响

为研究减少温室气体排放对热带气旋活动的影响，本节计算温室气体中等排放RCP4.5情景下21世纪末期（2081—2100年）热带气旋活动变化特征，并与5.3节中RCP8.5情景下模拟结果进行对比，考虑热带极向扩张趋势的影响。RCP4.5情景表示2100年辐射强迫稳定在4.5W/m^2，相比温室气体高排放RCP8.5情景而言，RCP4.5情景采取的减排措施包括：使用电能和低排放能源技术等手段改变能源使用结构体系，开展碳捕获和地质储藏技术等（Taylor et al.，2012）。各模式对RCP4.5情景下21世纪末期赤道太平洋地区海温模态的预估结果存在差异。如表5.9所示，CanESM2和MIROC ESM CHEM的预估结果表明，RCP4.5情景下21世纪末期赤道太平洋地区海表温度模态处于暖相位，海表温度呈类厄尔尼诺分布，而CNRM CM5的预估结果表明，赤道太平洋地区海表温度模态处于冷相位，海表温度呈类拉尼娜分布。基于历史观测资料构建得到海表温度呈类拉尼娜分布对应的西北太平洋海域热带气旋生成密度和逐月分布如图5.24和图5.25所示。

表 5.9　　RCP4.5 情景下全球气候模式的预估结果

全球气候模式	海表温度模态	热带极向扩张平均趋势/（°/10a）
CanESM2	类厄尔尼诺	0.14
CNRM CM5	类拉尼娜	0.01
MIROC ESM CHEM	类厄尔尼诺	0.35

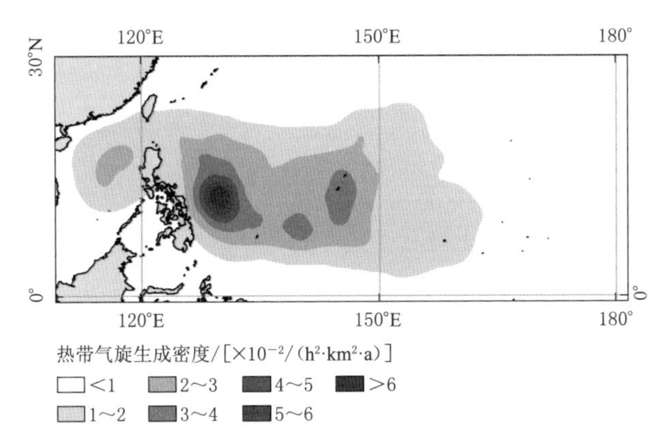

图 5.24　西北太平洋海域热带气旋生成密度（类拉尼娜）

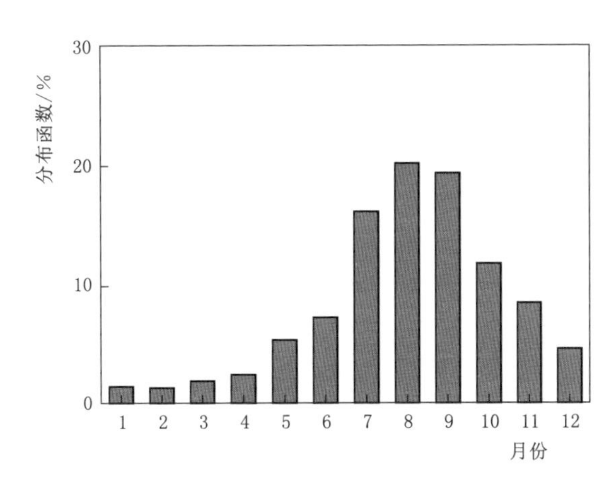

图 5.25　西北太平洋海域热带气旋生成逐月分布（类拉尼娜）

表 5.9 同时给出 RCP4.5 情景下各模式预估得到的 21 世纪热带极向扩张平均趋势，CanESM2 预估得到的 RCP4.5 情景下 21 世纪热带极向扩张平均趋势为 0.14°/10a，MIROC ESM CHEM 预估结果为 0.35°/10a，而 CNRM CM5 预估得到的热带极向扩张趋势不显著，为 0.01°/10a。RCP4.5 情景下各模式预估得到的热带极向扩张趋势小于 RCP8.5 情景的结果。

根据RCP4.5情景下各全球气候模式预估得到的海表温度模态和热带极向扩张趋势，得到21世纪末期热带气旋热带气旋生成信息，作为初始条件输入到路径模型进行计算。选择历史时段（1979—1998年）作为参照，将RCP4.5情景下21世纪末期（2081—2100年）热带气旋活动模拟结果减去基于历史模拟试验数据的模拟结果，得到RCP4.5情景下21世纪末期热带气旋活动变化特征，并与本章第5.3节中RCP8.5情景下热带气旋活动变化特征进行对比，均考虑了热带极向扩张趋势。

对RCP4.5情景下21世纪末期西北太平洋海域热带气旋活动频率的变化特征进行分析。如图5.26所示，西北太平洋海域热带气旋活动频率出现极向移动，在低纬度地区明显减小，在高纬度地区明显增加，热带气旋活动频率变化特征与RCP8.5情景基本一致，但变化幅度较小。图5.27给出各模式的模拟结果，相比CanESM2和MIROC ESM CHEM，基于CNRM CM5模拟得到的热带气旋活动频率在东部开阔海域明显减小。这与CNRM CM5预估得到的海表温度呈类拉尼娜分布有关，使得西北太平洋海域东部热带气旋生成减少，从而导致热带气旋活动频率减少。为便于表述一般性变化规律，本节后续只给出平均模拟结果。

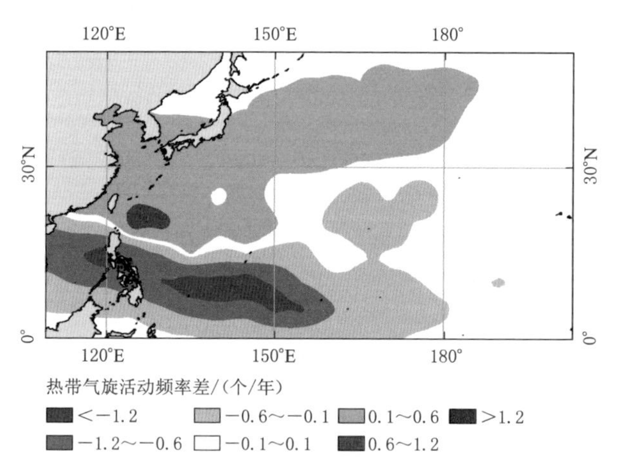

图5.26　RCP4.5情景下2081—2100年期间西北太平洋海域热带气旋活动频率变化（相比于历史试验模拟结果）的平均模拟结果

图5.28给出RCP4.5情景相比于RCP8.5情景热带气旋活动频率的变化特征。相比于未采取减排措施的RCP8.5情景，RCP4.5情景下21世纪末期西北太平洋海域热带气旋在高纬度地区的活动频率下降约60%，在低纬度地区的活动频率增加约45%，不过在低纬度地区的活动频率相比于历史时段依然是减少的（图5.26）。减少温室气体排放能够有效减小21世纪末期热带气旋对高纬度

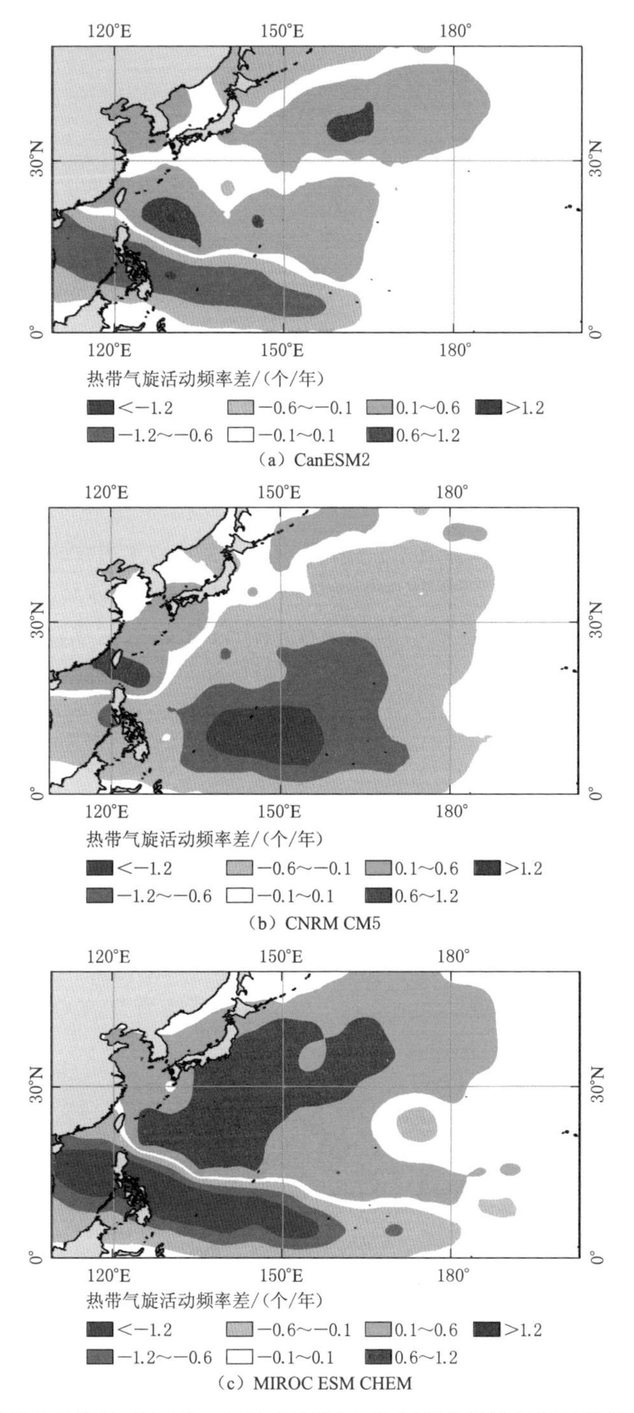

(a) CanESM2

(b) CNRM CM5

(c) MIROC ESM CHEM

图 5.27 RCP4.5 情景下 2081—2100 年期间西北太平洋海域热带气旋活动频率变化（相比于历史试验模拟结果）的各模式模拟结果

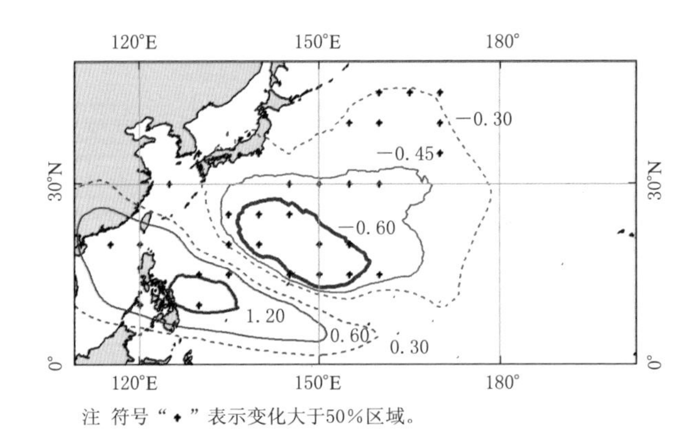

图 5.28　RCP4.5 情景下 2081—2100 年期间西北太平洋海域热带气旋活动频率变化（相比于 RCP8.5 情景）的平均模拟结果

沿海区域的威胁。对 RCP4.5 情景下 21 世纪末期西北太平洋海域热带气旋盛行路径的变化特征进行分析。如表 5.10 所示，呈 SM 路径的热带气旋数量减少，所占比例减小 8.5%，而呈 CL 和 CO 路径的热带气旋数量增加，所占比例分别增加 6.0%和 2.5%。如图 5.29 所示，三类盛行路径均出现小幅极向偏移，可以看出这与热带气旋生成位置的极向移动有关。可以得出，RCP4.5 情景下 21 世

表 5.10　RCP4.5 情景下 2081—2100 年期间西北太平洋海域热带气旋各盛行路径类别热带气旋数量及其比例变化(相比于历史模拟结果)的平均模拟结果

统计量	SM 路径	CL 路径	CO 路径	未分类
数量	64	116	81	0
比例变化/%	−8.5	6.0	2.5	—

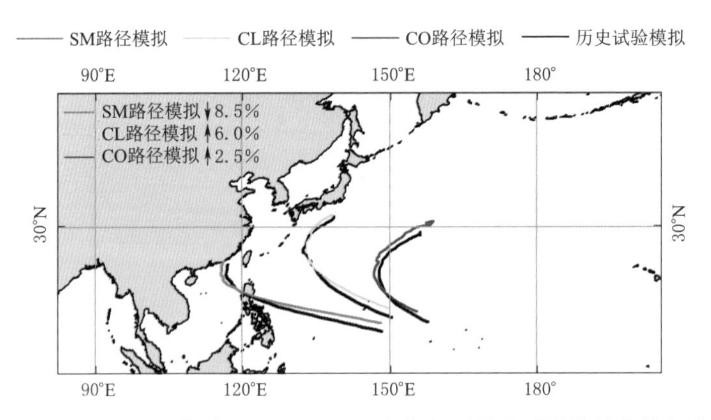

图 5.29　RCP4.5 情景下 2081—2100 年期间西北太平洋海域热带气旋盛行路径的平均模拟结果与历史试验模拟结果（黑色）对比

纪末期热带气旋盛行路径变化特征与 RCP8.5 情景基本一致，相比 RCP8.5 情景，RCP4.5 情景下呈 SM 和 CO 路径的热带气旋数量变化幅度均较小，呈 CL 路径的热带气旋数量变化幅度相当，各盛行路径极向偏移较小，这主要是由于 RCP4.5 情景下热带极向扩张趋势相比 RCP8.5 情景较小。

对 RCP4.5 情景下 21 世纪末期西北太平洋海域热带气旋登陆数量随纬度分布的变化特征进行分析。如图 5.30 所示，热带气旋登陆数量仍然在 12.5°～17.5°N 区间，在 22.5°N 和 35°N 处达到极大值。热带气旋登陆数量在 20°N 以南减少，对应菲律宾群岛，这与呈 SM 路径的热带气旋数量减少有关。热带气旋登陆数量在 22.5°N 附近增加，对应我国东部沿海地区；在 32.5°～37.5°N 区间略有增加，对应日本岛及朝鲜半岛；这与呈 CL 路径的热带气旋数量增加有关。进一步，给出 RCP4.5 情景相比于 RCP8.5 情景西北太平洋海域热带气旋登陆数量随纬度分布的变化特征，如图 5.31 所示。RCP4.5 情景相比于未采取减排措施的 RCP8.5 情景，21 世纪末期热带气旋在高纬度地区登陆数量减少 29.7%，在低纬度地区的登陆数量增加 43.3%，而图 5.28 已经证明 RCP4.5 情景相比于历史时段依然是减少的。

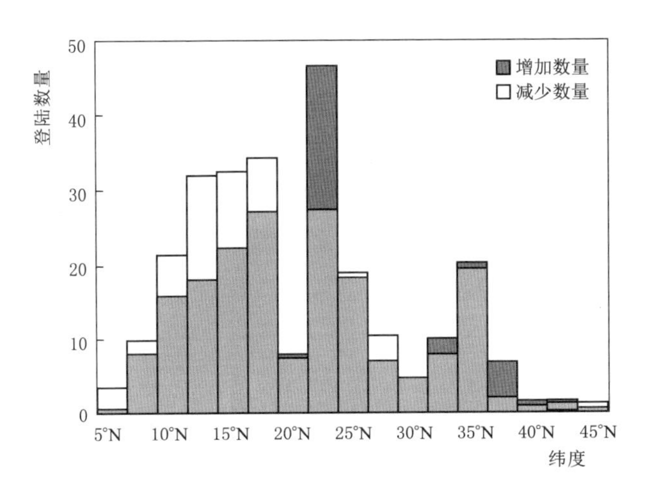

图 5.30　RCP4.5 情景下 2081—2100 年期间西北太平洋海域热带气旋登陆数量随纬度分布变化（相比于历史试验模拟结果）的平均模拟结果

可以得出结论：减少温室气体排放能够使得 21 世纪末期西北太平洋海域热带气旋的活动频率和登陆数量在高纬度地区减小，能有效减小热带气旋对高纬度地区的威胁。需要指出的是，分析热带气旋对沿海地区造成的实际影响时，还应考虑全球变暖引起海平面上升、热带气旋强度增大等因素，这进一步凸显了减少温室气体排放的重要意义。

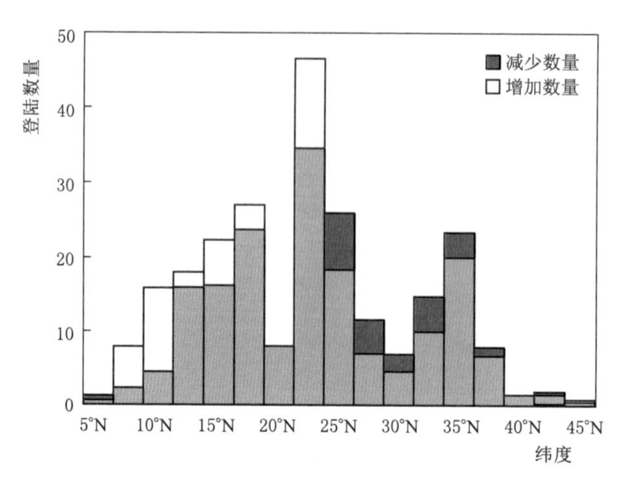

图 5.31　RCP4.5 情景下 2081—2100 年期间西北太平洋海域热带气旋登陆数量随纬度分布变化（相比于 RCP8.5 情景）的平均模拟结果

5.5　未来热带气旋活动对我国的影响

我国处于西北太平洋西岸，是世界上受热带气旋影响最严重的国家之一。据《中国海洋灾害公报》发布的风暴潮灾害情况，“十二五”期间，由热带气旋引发的风暴潮灾害共计 47 次，其中有 33 次致灾，造成死亡失踪 22 人、直接经济损失 533 亿元，占到全部海洋灾害损失的 90%。此外，风暴潮灾害发生时往往伴有狂风、暴雨和巨浪，使得沿海地区行洪困难，甚至造成交通和水利设施损坏；热带气旋登陆还会带来海岸侵蚀等缓发性灾害，进而影响工业和居民供水，热带气旋带来的综合灾害损失同样值得关注（侯京明 等，2011）。从空间分布来看，我国从华南到东北的沿海地区都受到热带气旋的影响。其中，在我国华南沿海地区登陆的热带气旋最多，此类热带气旋路径整体呈向西直行，有时会移入西南地区内陆省份进一步造成影响；在我国华东沿海地区登陆的热带气旋数量次之，而往往强度较大，此类热带气旋向西北方向运动，登陆后转折向东北离开陆地，或长期滞留内陆对中部地区乃至华北地区造成影响（Shan 和 Yu，2021）。

本节关注全球变暖条件下 21 世纪末期（2081—2100 年）西北太平洋热带气旋对我国的影响，包括登陆我国沿海省份和移入我国内陆省份两部分。将 21 世纪末期热带气旋活动模拟结果与历史时段（1979—1998 年）进行对比，以减小模式系统偏差对结果的影响。为得到 21 世纪末期热带气旋活动的预估模拟结果，同样需要对模式偏差加以订正。采用 delta 法订正模式偏差（Wu

和 Wang，2004；Bell et al.，2019），将热带气旋活动的变化特征（记为 delta）与历史时段热带气旋活动的观测结果进行叠加，并计算基于三个模式的平均模拟结果。

RCP8.5 情景下 21 世纪末期我国从华南到东北的沿海地区都受到热带气旋的影响。具体而言，我国广东省受到热带气旋的影响最频繁，达到每年 2.9 个，广东省主要受到呈 SM 路径的热带气旋登陆影响。受到热带气旋影响较为频繁的省份包括广西壮族自治区、浙江省、福建省、台湾省和江西省，其中广西壮族自治区主要受到从广东省登陆后继续西行的热带气旋移入影响，达到每年 1.7 个；浙江、福建和台湾三省主要受到呈 CL 路径的热带气旋登陆影响，达到每年 1.1 个；江西省主要受到从广东省和福建省登陆的热带气旋移入影响。需要指出的是，山东、辽宁和吉林三省历史罕有热带气旋影响，而 RCP8.5 情景下 21 世纪末期西北太平洋海域热带气旋活动北移，这三个北部沿海省份受到热带气旋的影响频率每年将达到 0.4～0.5 个。

RCP4.5 情景下 21 世纪末期我国受到热带气旋影响频率的区域分布与 RCP8.5 情景类似。相比 RCP8.5 情景，RCP4.5 情景下 21 世纪末期热带气旋影响我国华南地区的频率有所增加，包括广东省、海南省、广西壮族自治区及云南省；热带气旋影响我国东部沿海地区的频率整体减小，主要集中在江苏、浙江等省份，而影响台湾和福建等省份的频率略有增加；热带气旋影响我国北部沿海地区的频率减小，包括山东、辽宁和吉林省。特别是吉林省在 RCP4.5 情景下几乎不受到热带气旋影响。

对比 RCP8.5 和 RCP4.5 情景下的模拟结果可以发现，随着全球气候变暖，西北太平洋海域热带气旋登陆地点整体北移，热带气旋对我国华南地区的影响减弱，对浙江省、江苏省及北部沿海省份的影响加剧。此外，考虑海平面上升、热带气旋强度增大等因素，全球变暖将使我国面临的热带气旋威胁进一步加大。因此，有必要进一步积极倡导“人类命运共同体”意识，协同世界各国加快推进减少温室气体排放的各项举措，并逐步加强我国东部及北部沿海省份的防灾减灾措施。

5.6 小结

本章对全球变暖条件下西北太平洋海域热带气旋活动规律进行探究。在全球气候模式的适用性得到验证的基础上，利用三个全球气候模式 21 世纪预估试验数据，基于对全球和区域尺度热带气旋生成规律的认识合理给出热带气旋生成信息输入设置，使用路径模型模拟得到 21 世纪末期西北太平洋海域热带气旋活动特征，计算和分析了热带极向扩张和不同温室气体排放情景的影响，并模拟得到热带气旋在我国的活动频率。主要结论如下：

（1）热带极向扩张趋势将在 21 世纪持续，使得热带气旋活动频率整体极向移动，呈 SM 路径的热带气旋数量减少，呈 CL 和 CO 路径的热带气旋数量增加，热带气旋在菲律宾群岛的登陆数量减少，将对我国东部沿海、北部沿海地区，日本和韩国造成更大的影响。

（2）减少温室气体排放使得 21 世纪末期西北太平洋海域热带气旋的活动频率和登陆数量在高纬度地区减少，有效降低了热带气旋对高纬度地区的威胁。

（3）随着全球气候变暖，西北太平洋海域热带气旋登陆地点整体北移，热带气旋对我国华南地区的影响减弱，对浙江省、江苏省及北部沿海省份的影响加剧。

第 6 章 结论与展望

6.1 主要结论

本书旨在探讨气候变化对西北太平洋海域热带气旋活动规律的影响，从认识气候变化对全球和区域尺度热带气旋生成时空分布特征的影响入手，建立热带气旋生成位置和数量变化与大尺度环境因子的物理关联。准确把握热带气旋运动的关键影响因素，发展一套兼具准确性和实用性的热带气旋路径模型。在对模型进行充分验证的基础上，研判未来全球变暖条件下西北太平洋海域热带气旋活动规律及其对我国的潜在影响。主要结论如下：

（1）揭示了全球热带气旋生成位置的极向移动趋势中包含两个重要的部分：①与全球变暖直接相关的部分，②与海洋-大气耦合系统动力响应相关的部分。前者与热带极向扩张具有很强的关联性，近几十年来热带地区向两极扩张，引起较高纬度地区海表温度和大气相对湿度增加以及赤道附近大气涡度减小，导致全球热带气旋生成位置呈显著的极向移动趋势。后者具体表现为区域尺度热带气旋数量变化，主要受到区域气候模态的影响。北大西洋海域的热带气旋生成频数增加且纬度高，西北太平洋海域的生成频数减少且纬度低，二者导致北半球热带气旋生成位置的极向移动趋势略大于南半球。不同强度等级热带气旋生成位置的极向移动趋势不同，分离区域尺度数量变化贡献后，超强台风和热带风暴的趋势显著，弱台风无显著趋势。

（2）指出了西北太平洋和南太平洋海域热带气旋生成频数均出现了显著的突减现象，突变点位于 1998 年。这一年代际突减现象发生的关键区域位于低纬度 180°经线以西海域，关键季节为 10—12 月。大气涡度是这一现象的主导环境因子，大气涡度的突减受到赤道太平洋地区海表温度模态相位变化的显著影响。20 世纪末以来西北太平洋海域超强台风数量增加，主要分布在菲律宾群岛东侧区域，集中于 4—6 月和 7—9 月。

（3）明确了环境气流的水平切变率是热带气旋运动的关键影响因素，推导并提出反映环境气流对热带气旋运动影响的β漂移速度表达式，以此为基础发展了一套兼具准确性和实用性的热带气旋路径模型。利用该模型模拟得到的西北太平洋和北大西洋海域热带气旋活动频率与观测结果吻合，展示了模型的准确性。针对热带气旋活动频率、盛行路径和登陆等典型问题，对比分析基于不同β漂移速度计算方案的路径模型模拟结果，发现本书提出的新模型能够更为合理地刻画出热带气旋的气候尺度活动特征，相比已有模型具有明显优势。

（4）基于对全球和区域尺度热带气旋生成规律的认识，利用热带气旋路径模型，研究了未来全球变暖条件下热带气旋活动规律。热带极向扩张趋势将在21世纪持续，导致热带气旋活动频率整体极向移动，呈SM路径的热带气旋数量减少，呈CL和CO路径的热带气旋数量增加。减少温室气体排放会使21世纪末期西北太平洋海域热带气旋的活动频率和登陆在高纬度地区减少，能有效降低热带气旋对高纬度地区的威胁。随着全球气候变暖，西北太平洋海域热带气旋登陆地点整体北移，热带气旋对我国华南地区的影响减弱，对浙江省、江苏省及北部沿海省份的影响加剧。

6.2 未来研究展望

气候变化背景下西北太平洋台风活动研究仍存在若干亟待解决的问题：

（1）台风观测资料的完整性、可靠性和一致性较低，制约了气候变化背景下台风强度特征分析，这一问题的解决有赖于探测技术的发展和遥感资料的应用。

（2）未来全球变暖条件下西北太平洋台风时空分布特征的演变规律还存在诸多不确定性，需深入探究全球变暖影响台风活动特征的物理机制，进一步发展和完善全球气候模式。

参 考 文 献

陈联寿，丁一汇，1979. 西太平洋台风概论［M］. 北京：科学出版社.

陈英健，2017. 极端条件下海气动量交换的规律及其影响研究［D］. 北京：清华大学水利水电工程系.

陈煜，2019. 基于统计动力学全路径合成的台风危险性分析方法研究［D］. 哈尔滨：哈尔滨工业大学土木与环境工程学院.

陈玉林，周军，马奋华，2005. 登陆我国台风研究概述［J］. 气象科学，25（3）：319－329.

符淙斌，王强，1992. 气候突变的定义和检测方法［J］. 大气科学，16（4）：482－493.

顾成林，2018. 全球变暖背景下登陆中国热带气旋的时空变化特征及 ENSO 作用机理研究［D］. 上海：上海师范大学环境与地理科学学院.

侯京明，于福江，原野，等，2011. 影响我国的重大台风风暴潮时空分布［J］. 海洋通报，30（5）：535－539.

秦大河，2018. 气候变化科学概论［M］. 北京：科学出版社.

司东，丁一汇，柳艳菊，2010. 中国梅雨雨带年代际尺度上的北移及其原因［J］. 科学通报（1）：76－81.

肖栋，李建平，2007. 全球海表温度场中主要的年代际突变及其模态［J］. 大气科学（05）：85－100.

尹宜舟，罗勇，肖风劲，等，2013. 热带气旋年潜在影响力指数［J］. 2013 年海峡两岸气象科学技术研讨会，38－48.

赵海坤，2012. 全球变暖背景下西北太平洋热带气旋活动变化机理研究［D］. 南京：南京信息工程大学大气科学学院.

朱乾根，林锦瑞，寿绍文，2007. 天气学原理和方法［M］. 北京：气象出版社.

Afifi A A，Azen S P，1972. Statistical analysis，a computer oriented approach［M］. Academic Press，Harcourt Brace Jovanonich Publishers，New York.

Allen R J，Sherwood S C，Norris J R，et al.，2012. Recent Northern Hemisphere tropical expansion primarily driven by black carbon and tropospheric ozone［J］. Nature，485（7398）：350－354.

Amaya D J，Siler N，Xie S P，et al.，2018. The interplay of internal and forced modes of Hadley Cell expansion：Lessons from the global warming hiatus［J］. Climate Dynamics，51（1－2）：305－319.

Arora V K，Scinocca J F，Boer G J，et al.，2011. Carbon emission limits required to satisfy future representative concentration pathways of greenhouse gases［J］. Geophysical Research Letters，38：L05805.

Bell S S，Chand S S，Camargo S J，et al.，2019. Western Pacific tropical cyclone tracks in CMIP5 models：statistical assessment using model－independent detection and tracking scheme［J］. Journal of Climate，32：7191－7208.

Brandon C M, Woodruff J D, Lane D, et al., 2013. Tropical cyclone wind speed constraints from resultant storm surge deposition: A 2500 year reconstruction of hurricane activity from St. Marks, FL [J]. Geochem Geophys Geosyst, 14: 2993 - 3008.

Bruyère C L, Holland G J , Towler E, 2012. Investigating the use of a genesis potential index for tropical cyclones in the North Atlantic basin [J]. Journal of Climate, 25 (24): 8611 - 8626.

Bryan K, 1969. A numerical method for the study of the circulation of the world ocean [J]. Journal of Computational Physics, 4 (3): 347 - 376.

Camargo S J, Emanuel K A, Sobel A H, 2007a. Use of a genesis potential index to diagnose ENSO effects on tropical cyclone genesis [J]. Journal of Climate, 20 (19): 4819 - 4834.

Camargo S J, Robertson A W, Gaffney S J, et al., 2007b. Cluster analysis of typhoon tracks. Part I: General properties [J]. Journal of Climate, 20 (14): 3635 - 3653.

Carr L E, Elsberry R L, 1990. Observational evidence for predictions of tropical cyclone propagation relative to environmental steering [J]. Journal of the atmospheric sciences, 47 (4): 542 - 546.

Chan J C, 1984. An observational study of the physical processes responsible for tropical cyclone motion [J]. Journal of the atmospheric sciences, 41 (6): 1036 - 1048.

Chan J C, 2005. The physics of tropical cyclone motion [J]. Annual Reviews of Fluid Mechanics, 37: 99 - 128.

Chan J C, 2008. Decadal variations of intense typhoon occurrence in the western north pacific [J]. Proceedings of the Royal Society A: Mathematical, Physical and Engineering Sciences, 464 (2089): 249 - 272.

Chan J C, Gray W M, 1982. Tropical cyclone movement and surrounding flow relationships [J]. Monthly Weather Review, 110 (10): 1354 - 1374.

Chand S S, Walsh K J, 2009. Tropical cyclone activity in the Fiji region: Spatial patterns and relationship to large - scale circulation [J]. Journal of Climate, 22 (14): 3877 - 3893.

Chen Y, Duan Z, 2018. A statistical dynamics track model of tropical cyclones for assessing typhoon wind hazard in the coast of southeast China [J]. Journal of Wind Engineering and Industrial Aerodynamics, 172: 325 - 340.

Chen Y, Zhang F, Green B W et al., 2018. Impacts of ocean cooling and reduced wind drag on Hurricane Katrina (2005) based on numerical simulations [J]. Monthly Weather Review, 146 (1): 287 - 306.

Chu P S, Kim J H, Chen Y R, 2012. Have steering flows in the western North Pacific and the South China Sea changed over the last 50 years [J]. Geophysical Research Letters, 39 (10): L10704.

Chu P S, Zhao X, 2004. Bayesian change - point analysis of tropical cyclone activity: The central North Pacific case [J]. Journal of Climate, 17 (24): 4893 - 4901.

Chu P S, Zhao X, 2011. Bayesian analysis for extreme climatic events: A review [J]. Atmospheric research, 102 (3): 243 - 262.

Colbert A J, Soden B J, 2012. Climatological variations in North Atlantic tropical cyclone tracks [J]. Journal of Climate, 25 (2): 657 - 673.

Colbert A J, Soden B J, Kirtman B P, 2015. The impact of natural and anthropogenic climate change on western North Pacific tropical cyclone tracks [J]. Journal of Climate, 28 (5): 1806 - 1823.

Colbert A J, Vecchi G A, Kirtman B P, 2013. The impact of anthropogenic climate change on North Atlantic tropical cyclone tracks [J]. Journal of Climate, 26 (12): 4088 - 4095.

Dai A, 2011. Drought under global warming: A review [J]. Wiley Interdisciplinary Reviews: Climate Change, 2 (1): 45 - 65.

Daloz A S, Camargo S J, 2018. Is the poleward migration of tropical cyclone maximum intensity associated with a poleward migration of tropical cyclone genesis [J]. Climate Dynamics, 50: 705 - 715.

Deng G, Zhou Y S, Liu L P, 2010. Use of a new steering flow method to predict tropical cyclone motion [J]. Journal of Tropical Meteorology, 16 (2): 154 - 159.

Done J M, Holland G J, Bruyère C L, et al., 2015. Modeling high - impact weather and climate: Lessons from a tropical cyclone perspective [J]. Climatic Change, 129 (3 - 4): 381 - 395.

Dong S, Xu Y, Zhou B, et al., 2015. Assessment of indices of temperature extremes simulated by multiple CMIP5 models over China [J]. Advances in Atmospheric Sciences, 32 (8): 1077 - 1091.

Duan A, Wu G, Zhang Q, et al., 2006. New proofs of the recent climate warming over the Tibetan plateau as a result of the increasing greenhouse gases emissions [J]. Chinese Science Bulletin, 051 (011): 1396 - 1400.

Elsner J B, Jagger T, Niu X F, et al., 2000. Changes in the rates of North Atlantic major hurricane activity during the 20th century [J]. Geophysical Research Letters, 27 (12): 1743 - 1746.

Emanuel K, 2005. Increasing destructiveness of tropical cyclones over the past 30 years [J]. Nature, 436 (7051): 686 - 688.

Emanuel K, 2006: Climate and tropical cyclone activity: A new model downscaling approach [J]. Journal of Climate, 19 (19): 4797 - 4802.

Emanuel K, Nolan D S, et al., 2004. Tropical cyclone activity and the global climate system [J]. Proceedings of 26th Conference on Hurricanes and Tropical Meteorology, American Meteorological Society, 240 - 241.

Emanuel K, Ravela S, Vivant E, et al., 2006. A statistical deterministic approach to hurricane risk assessment [J]. Bulletin of the American Meteorological Society, 87 (3): 299 - 314.

Epstein E S, 1985. Statistical inference and prediction in climatology: A Bayesian approach [J]. Meteorological monographs, American Meteorological Society, No. 42, 199 pp.

Fiorino M, Elsberry R L, 1989. Some aspects of vortex structure related to tropical cyclone motion [J]. Journal of the Atmospheric Sciences, 46 (7): 975 - 990.

Gates W L, 1992. AMIP: The atmospheric model intercomparison project [J]. Bulletin of the American Meteorological Society, 73 (12): 1962 - 1970.

Goldewijk K K, Beusen A, Drecht G V, et al., 2010. The hyde 3. 1 spatially explicit database of human - induced global land - use change over the past 12, 000 years [J]. Global Ecology and Biogeography, 20 (1): 73 - 86.

Gray W M, 1967. Global view of the origin of tropical disturbances and storms [M]. Colorado State University, Department of Atmospheric Science.

Gray W M, 1979. Hurricanes: Their formation, structure and likely role in the tropical circulation. Meteorology over the tropical oceans [M]. Supplement of Meteorology Over the Tropical Oceans. Published by RMS, Berkshire. 155 - 218.

Gray W M, 1998. The formation of tropical cyclones [J]. Meteorology and Atmospheric Physics, 67: 37 - 69.

Gruber A, Krueger A F, 1984. The status of the NOAA outgoing longwave radiation data set [J]. Bulletin of the American Meteorological Society, 65: 958 - 962.

Hall T M, Jewson S, 2007. Statistical modelling of North Atlantic tropical cyclone tracks [J]. Tellus, 59A (4): 486 - 498.

He H, Yang J, Gong D, et al., 2015. Decadal changes in tropical cyclone activity over the western North Pacific in the late 1990s [J]. Climate Dynamics, 45 (11 - 12): 3317 - 3329.

Holland G J, 1984. Tropical cyclone motion: A comparison of theory and observation [J]. Journal of the Atmospheric Sciences, 41 (1): 68 - 75.

Hsu P, Chu P, Murakami H, et al., 2014. An abrupt decrease in the late - season typhoon activity over the Western North Pacific [J]. Journal of Climate, 27 (11): 4296 - 4312.

Hu F, Li T, Liu J, Bi M, et al., 2018. Decrease of tropical cyclone genesis frequency in the western North Pacific since 1960s [J]. Dynamics of Atmospheres and Oceans, 81: 42 - 50.

Hu Y, Fu Q, 2007. Observed poleward expansion of the Hadley circulation since 1979 [J]. Atmospheric Chemistry and Physics, 7: 5229 - 5236.

IPCC, 2021. Sixth assessment report [M]. Cambridge: Cambridge University Press.

Kalnay E, Kanamitsu M, Kistler R, et al., 1996. The NCEP/NCAR 40 - year reanalysis project [J]. Bulletin of the American Meteorological Society, 77 (3): 437 - 472.

Kang N, Elsner J, 2016. Climate mechanism for stronger typhoons in a warmer world [J]. Journal of Climate, 29: 1051 - 1057.

Karl T R, Jones P D, Knight R W, et al., 1993. A new perspective on recent global warming: asymmetric trends of daily maximum and minimum temperature [J]. Bulletin of the American Meteorological Society, 74 (6): 1007 - 1024.

Kendall M G, 1975. Rank correlation methods [M]. 2nd impression. Charles Griffin and Company Ltd. London.

Knapp K R, Kruk M C, 2009. Quantifying interagency differences in tropical cyclone best - track wind speed estimates [J]. Monthly Weather Review, 138 (4): 1459 - 1473.

Knapp K R, Kruk M C, Levinson D H, et al ., 2010. The international best track archive for climate stewardship (IBTrACS) unifying tropical cyclone data [J]. Bulletin of the American Meteorological Society, 91 (3): 363 - 376.

Knutson T R, McBride J L, Chan J, et al., 2010. Tropical cyclones and climate change [J]. Nature Geoscience, 3 (3): 157 - 163.

Knutti R, Masson D, Gettelman A, 2013. Climate model genealogy: generation CMIP5 and how we got there [J]. Geophysical Research Letters, 40 (6): 1194 - 1199.

Kossin J P, Camargo S J, Sitkowski M, 2010. Climate modulation of North Atlantic hurricane tracks [J]. Journal of Climate, 23 (11): 3057 - 3076.

Kossin J P, Emanuel K A, Vecchi G A, 2014. The poleward migration of the location of tropical cyclone maximum intensity [J]. Nature, 509: 349 - 352.

Lal R, 2004. Soil carbon sequestration to mitigate climate change [J]. Geoderma, 123 (1 - 2): 0 - 22.

Landsea C W, 1993. A climatology of intense (or major) atlantic hurricanes [J]. Monthly Weather Review, 121 (6): 1703 - 1713.

Landsea C W, 2015. Comments on "monitoring and understanding trends in extreme storms: State of knowledge" [J]. Bulletin of the American Meteorological Society, 96 (7): 1175 - 1176.

Li X, Wang B, 1996. Acceleration of the hurricane beta drift by shear strain rate of an environmental flow [J]. Journal of the atmospheric sciences, 53 (2): 327 - 334.

Liebmann, B, Smith C A, 1996. Description of aComplete (Interpolated) Outgoing Longwave Radiation Dataset [J]. Bulletin of the American Meteorological Society, 77: 1275 - 1277.

Lin I I, Chan J C L, 2015. Recent decrease in typhoon destructive potential and global warming implications [J]. Nature Communications, 6 (1): 1 - 8.

Lin N, Emanuel K, 2016. Grey swan tropical cyclones [J]. Nature Climate Change, 6 (1): 106 - 111.

Liu K B, 2001. Chapter 2—paleotempestology: Principles, methods, and examples from Gulf Coast lake sediments. Hurricanes and Typhoons, Past, Present and Future [M]. New York: Columbia University Press, 13 - 57.

Liu K S, Chan J C L, 2013. Inactive period of western North Pacific tropical cyclone activity in 1998—2011 [J]. Journal of Climate, 26 (8): 2614 - 2630.

Lucas C, Nguyen H, Timbal B, 2012. An observational analysis of Southern Hemisphere tropical expansion [J]. Journal of Geophysical Research: Atmospheres, 117: D17112.

Lucas C, Timbal B, Nguyen H, 2014. The expanding tropics: A critical assessment of the observational and modeling studies [J]. Wiley Interdisciplinary Reviews: Climate Change, 5 (1): 89 - 112.

Mann H B, 1945. Non - parametric test against trend [J]. Econometrica, 13: 245 - 259.

Mann M E, Emanuel K A, 2006. Atlantic hurricane trends linked to climate change [J]. Eos, Transactions American Geophysical Union, 87 (24): 233 - 241.

Mann M E, Emanuel K A, Holland G J, et al., 2007a. Atlantic tropical cyclones revisited [J]. Eos, Transactions American Geophysical Union, 88 (36): 349 - 350.

Mann M E, Sabbatelli T A, Neu U, 2007b. Evidence for a modest undercountbias in early historical Atlantic tropical cyclone counts [J]. Geophysical Research Letters, 34 (22): L22707.

Maue R N, 2009. Northern hemisphere tropical cyclone activity [J]. Geophysical Research Letters, 36 (5): GL035946.

Maue R N, 2011. Recent historically low global tropical cyclone activity [J]. Geophysical Research Letters, 38 (14): L14803.

Mbengue C, Schneider T, 2013. Storm track shifts under climate change: What can be learned from large - scale dry dynamics [J]. Journal of Climate, 26: 9923 - 9930.

Mcdonald R E, Bleaken D G, Cresswell D R, et al., 2005. Tropical storms: Representation and diagnosis in climate models and the impacts of climate change [J]. Climate dynamics, 25 (1): 19 - 36.

Mei W, Xie S P, 2016. Intensification of landfalling typhoons over the northwest pacific since the late 1970s [J]. Nature Geoscience, 9 (10): 753 - 759.

Molinari J, Vollaro D, 2013. What percentage of western North Pacific tropical cyclones form within the monsoon trough [J]. Monthly Weather Review, 141 (2): 499 - 505.

Moon I J, Kim S H, Klotzbach P, et al., 2015. Roles of interbasin frequency changes in the poleward shifts of the maximum intensity location of tropical cyclones [J]. Environmental Research Letters, 10: 104004.

Murakami H, Wang B, 2010. Future change of North Atlantic tropical cyclone tracks: Projection by a 20 - km - mesh global atmospheric model [J]. Journal of Climate, 23 (10): 2699 - 2721.

Murakami H, Wang B, Kitoh A, 2011. Future change of western North Pacific typhoons: Projections by a 20 - km - mesh global atmospheric model [J]. Journal of Climate, 24 (4): 1154 - 1169.

Oouchi K, Yoshimura J, Yoshimura H, et al., 2006. Tropical cyclone climatology in a global - warming climate as simulated in a 20 - km - mesh global atmospheric model: Frequency and wind intensity analysis [J]. Journal of the Meteorological Society of Japan, 84: 259 - 276.

Palmén E, 1948. On the distribution of temperature and wind in the upper westerlies [J]. Journal of Meteorology, 5 (1): 20 - 27.

Park D S R, Ho C H, Kim J H, 2014. Growing threat of intense tropical cyclones to East Asia over the period 1977—2010 [J]. Environmental Research Letters, 9 (1): 014008.

Park D S R, Ho C H, Kim J H, et al., 2011. Strong landfall typhoons in korea and japan in a recent decade [J]. Journal of Geophysical Research: Atmospheres, 116: D07105.

Phillips N A, 1956. The general circulation of the atmosphere: a numerical experiment [J]. Quarterly Journal of the Royal Meteorological Society, 82 (352): 123 - 164.

Reichler T, 2009. Changes in the atmospheric circulation as indicator of climate change [M]. In Climate Change. Elsevier. pp. 145 - 164.

Riehl H, 1954. Tropical meteorology [M]. McGraw - Hill Book, New York.

Seidel D J, Fu Q, Randel W J, et al., 2008. Widening of the tropical belt in a changing climate [J]. Nature Geoscience, 1 (1): 21.

Shan K, Yu X, 2020a. Enhanced understanding to poleward migration of tropical cyclone genesis [J]. Environmental Research Letters, 15: 104062.

Shan K, Yu X, 2020b. Interdecadal variability of tropical cyclone genesis frequency in Western North Pacific and South Pacific Ocean basins [J]. Environmental Research Letters, 15: 064030.

Shan K, Yu X, 2020c. A simple trajectory model for climatological studies of tropical cyclones [J]. Journal of Climate, 33 (18): 7777 - 7786.

Shan K, Yu X, 2021. Variability of tropical cyclone landfalls in China [J]. Journal of Climate,

34 (23): 9235 - 9247.

Sharmila S, Walsh K J E, 2018. Recent poleward shift of tropical cyclone formation linked to Hadley cell expansion [J]. Nature Climate Change, 8 (8): 730 - 736.

Staten P W, Lu J, Grise K M, et al., 2018. Re - examining tropical expansion [J]. Nature Climate Change, 8 (9): 768 - 775.

Stephens G L, 1990. On the Relationship between water vapor over the oceans and sea surface temperature [J]. Journal of Climate, 3: 634 - 645.

Studholme J, Gulev S, 2018. Concurrent changes to hadley circulation and the meridional distribution of tropical cyclones [J]. Journal of Climate, 31, 4367 - 4389.

Taylor H T, Ward B, Willis M, et al., 2010. The Saffir - Simpson Hurricane Wind Scale [M]. Atmospheric Administration: Washington, DC, USA.

Taylor KE, Stouffer R J, Meehl G A, 2012. An overview of CMIP5 and the experiment design [J]. Bulletin of the American Meteorological Society, 93: 485 - 498.

Tory K J, Ye H, Dare R A, 2018. Understanding the geographic distribution of tropical cyclone formation for applications in climate models [J]. Climate Dynamics, 50: 2489 - 2512.

Tu J Y, Chou C, Chu P S, 2009. The abrupt shift of typhoon activity in the vicinity of Taiwan and its association with western North Pacific - East Asian climate change [J]. Journal of Climate, 22 (13): 3617 - 3628.

Voldoire A, Sanchez - Gomez E, Salas y Mélia D, et al., 2013. The CNRM - CM5. 1 global climate model: description and basic evaluation [J]. Climate dynamics, 40 (9 - 10): 2091 - 2121.

Walsh K J, Camargo S J, Knutson T R, et al., 2019. Tropical cyclones and climate change [J]. Tropical Cyclone Research and Review, 8 (4): 240 - 250.

Walsh K J, McBride J L, Klotzbach P J, et al., 2016. Tropical cyclones and climate change [J]. Wiley Interdisciplinary Reviews: Climate Change, 7 (1): 65 - 89.

Wang C, Lee S - K, 2009. Co - variability of tropical cyclones in the North Atlantic and the eastern North Pacific [J]. Geophysical Research Letters, 36 (24): L24702.

Wang C, Wang L, Wang X, et al., 2016. North - south variations of tropical storm genesis locations in the Western Hemisphere [J]. Geophysical Research Letters, 43 (21): 11 - 367.

Wang Y, Holland G J, 1996. The beta drift of baroclinic vortices. Part Ⅰ: Adiabatic vortices [J]. Journal of the Atmospheric Sciences, 53 (3): 411 - 427.

Wang B, Liu J, Kim H J, et al., 2013a. Northern Hemisphere summer monsoon intensified by mega - El Niño/southern oscillation and Atlantic multidecadal oscillation [J]. Proceedings of the National Academy Sciences of the USA, 110: 5347 - 5352.

Wang B, Xiang B Q, Lee J Y, 2013b. Subtropical high predictability establishes a promising way for monsoon and tropical storm predictions [J]. Proceedings of the National Academy Sciences of the USA, 110: 2718 - 2722.

Wang L, Huang R H, Wu R, 2013c. Interdecadal variability in tropical cyclone frequency over the South China Sea and its association with the Indian Ocean sea surface temperature [J]. Geophysical Research Letters, 40: 768 - 771.

Webster P J, Holland G J, Curry J A, et al., 2005. Changes in tropical cyclone number, duration, and intensity in a warming environment [J]. Science, 309 (5742): 1844 - 1846.

Williams G P, Davies D R, 1966. A mean motion model of the general circulation [J]. Quarterly Journal of the Royal Meteorological Society, 92 (394), 582 - 583.

Wu C C, Emanuel K A, 1993. Interaction of a baroclinic vortexwith background shear: Application to hurricane movement [J]. Journal of the Atmospheric Sciences, 50 (1): 62 - 76.

Wu L, Wang B, 2004. Assessing impacts of global warming on tropical cyclone tracks [J]. Journal of Climate, 17 (8): 1686 - 1698.

Wu L, Wang B, GengS, 2005. Growing typhoon influence on East Asia [J]. Geophysical Research Letters, 32 (18): L18703.

Yin J H, 2005. A consistent poleward shift of the storm tracks in simulations of 21st century climate [J]. Geophysical Research Letters, 32 (18): L18701.

Yokoi S, Takayabu Y N, Murakami H, 2013. Attribution of projected future changes in tropical cyclone passage frequency over the western North Pacific [J]. Journal of Climate, 26 (12): 4096 - 4111.

Zhan R, Wang Y, 2017. Weak tropical cyclones dominate the poleward migration of the annual mean location of lifetime maximum intensity of Northwest Pacific tropical cyclones since 1980 [J]. Journal of Climate, 30: 6873 - 6882.

Zhan R, Wang Y, Tao L, 2014. Intensified impact of East Indian Ocean SST anomaly on tropical cyclonegenesis frequency over the western North Pacific [J]. Journal of Climate, 27: 8724 - 8739.

Zhan R, Wang Y, Zhao J, 2017. Intensified mega - ENSO has increased the proportion of intense tropical cyclones over the western Northwest Pacific since the late 1970s [J]. Geophysical Research Letters, 44 (23), 11 - 959.

Zhang Q, Wu L, Liu Q, 2009. Tropical cyclone damages in China 1983—2006 [J]. Bulletin of the American Meteorological Society, 90 (4): 489 - 496.

Zhao H K, Wu L G, Zhou W C, 2009. Observational relationship of climatologic beta drift with large - scale environmental flows [J]. Geophysical Research Letters, 36 (18): L18809.

Zhao J, Zhan R, Wang Y, 2018a. Global warming hiatus contributed to the increased occurrence of intense tropical cyclones in the coastal regions along east Asia [J]. Scientific Reports, 8 (1): 6023.

Zhao J, Zhan R, Wang Y, et al., 2018b. Contribution of the Interdecadal Pacific Oscillation to the recent abrupt decrease in tropical cyclone genesis frequency over the western North Pacific since 1998 [J]. Journal of Climate, 31 (20): 8211 - 8224.

Zhao X, Chu P S, 2010. Bayesian changepoint analysis for extreme events (typhoons, heavy rainfall, and heat waves): An RJMCMC approach [J]. Journal of Climate, 23 (5), 1034 - 1046.

Zhou Y P, Xu K M, Sud Y C, et al., 2011. Recent trends of the tropical hydrological cycle inferred from Global Precipitation Climatology Project and International Satellite Cloud Climatology Project data [J]. Journal of Geophysical Research: Atmospheres, 116: D015197.

Abstract

Tropical cyclones are among the deadliest and most destructive natural disasters. Indeed, potential changes in TC (Tropical Cyelones) activity in response to changing climate conditions could have lead to unprecedented levels of hazard, particularly if the spatial and temporal distribution of TC activity changes significantly. This book is focused on detection of long - term changes in TC activity and attribution of past TC changes to climate change. The purpose is to enrich the theoretical understanding of how climate change influence on TC activity, develop an internationally competitive trajectory model, and project future TC activity associated with anthropogenic warming and its threat to coastal areas of China.